Beiträge

zur

Forstwissenschaft.

Herausgegeben

von

Dr. Carl Heyer,
ordentlichem Professor der Forstwissenschaft an der Ludewigs-Universität zu Giesen ꝛc.

II. Heft.

Giesen,
J. Ricker'sche Buchhandlung.

1847.

Vorwort.

Das vorliegende Heft war im Manuskript schon 1843 bearbeitet und erscheint nun fast 3 Jahre später im Druck. Diese Verzögerung wurde durch mich allein veranlaßt. Wie schon anderwärts bemerkt, ist der Drang zur Veröffentlichung liter. Arbeiten bei mir ein sehr gemäßigter. Dann wollte ich auch die Richtigkeit meiner im vor. Hft. der Beitr. ausgesprochenen Ueberzeugung von der gänzlichen Ohnmacht der jetzigen forstwissensch. Kritik an meinen eigenen Schriften gerne faktisch erproben. Nun wäre es gewiß sehr ungerecht, wenn ich die erorbitanten Anstrengungen einer mir feindlichen Kritik nicht gebührend anerkennen wollte. Und ihr Erfolg? — Von dem durch sie förmlich proskribirten ersten Hefte m. Beitr. ist mittlerweile eine neue Auflage nöthig geworden; die in meiner W. E. Regelung niedergelegten Prinzipien haben unterdeß praktischen Eingang gefunden in einem Nachbarlande, welchem die Intelligenz seiner Regierungorgane und die Trefflichkeit seiner Institute eine der ersten Stellen im deutschen Staatenbunde angewiesen hat. — Wird sich die Kritik diese Lehren zu Nutzen machen? Man würde an der verderbten, bis zur Lüderlichkeit herabgekommenen, Tochter verzweifeln müssen, wenn die Väter nicht den Erfahrungsatz entgegenhalten könnten, daß Besserung selbst noch da eingetreten sei, wo keine Hoffnung mehr zu solcher berechtigt hatte.

Der Herausgeber.

Inhalt.

Druckfehler.

S. 17 Z. 10 v. o. lies Hochwald st. Holzwald.
S. 24 Z. 5 v. u. l. Ruchbirke st. Buchbirke.
S. 24 Z. 8 v. u. l. nutzbare st. nützliche.
S. 156 Z. 15 v. u. l. meiner W. E. statt in W. E.

I.

Ueber gemischte Holzbestände.

(Vom Herausgeber).

(Inhalt : — §. 1. Einleitung. — §. 2. Vortheile der Bestandsmischungen. — §. 3. Nachtheile und Hindernisse ders. — §. 4. Vortheilhafte Mischarten. — §. 5. An- und Nachzucht nnd Behandlung von Mischbeständen.)

§. 1. Einleitung.

Die Ansichten darüber : — ob reine oder gemischte Bestände im Allgemeinen den Vorzug verdienen — sind bekanntlich noch sehr getheilt, sowohl unter den Schriftstellern, als auch unter den Praktikern, welche beide man wohl zu unterscheiden hat, weil man sehr irren würde, wollte man den jeweiligen Stand der Forst-Wirthschaft nach dem der Forst-Wissenschaft strenge bemessen; jene steht hinter dieser meist um mehre Decennien und weiter zurück. Wohl mit Recht glaubte man den Grund davon in dem einmal bestehenden Gegensatze zwischen der Fruchtbarkeit unserer Literatoren und der Leselust unserer Praktiker gefunden zu haben; nur sollte man nicht übersehen, daß auch denjenigen, welche zur oberen Leitung der Staatsforstwirthschaften berufen sind, ein groser Theil der Schuld zufällt, weil sie die Erfüllung ihrer wichtigen Aufgabe, die Ausgleichung jenes Gegensatzes auf bequemeren Wegen zu vermitteln, nur zu häufig versäumen.

Werfen wir — das bestehende Verhältnis zwischen Theorie und Praxis festhaltend — zuerst einen Blick auf die Ansichten der Schriftsteller in Bezug auf unseren Gegenstand, so sehen wir bei weitem die grösere Mehrzahl derselben reine Bestände als Regel anerkennen und diese Vorliebe für Bestandsreinheit selbst auf solche Holzarten ausdehnen, welche nur in Vermischung mit anderen ein gedeihliches Fortkommen auf die Dauer versprechen und auch von Natur blos in solchen Mischungen auftreten. So enthalten z. B. die Waldbaulehren nicht blos ausführliche Anleitungen zur künstlichen Anlage von reinen Ahorn=, Rüstern=, Eschen= ꝛc Beständen, sondern auch wohlgemeinte vorsorgliche Rathschläge für die natürliche Samenverjüngung von dergleichen Holzungen für den Fall, daß letzte je einmal in der Natur rein zu treffen wären. Nebenbei erklärt man zwar auch die Zulässigkeit mancher Bestandsmischungen; aber theils nur für ausergewöhnliche und vorübergehende Fälle und Zwecke, wie wenn z. B. eine im Freien anzubauende zärtliche Holzart des Schutzes einer anderen dauerhafteren bedürfte, oder wenn das zum reinen Anbau einer Holzart erforderliche Kulturmaterial nicht zureichend vorhanden oder zu kostbar wäre und dieser Abgang durch die Untermischung einer anderen Holzart ersetzt werden müßte; theils wohl auch mehr im Allgemeinen und für die Dauer bei einigen Holzarten, wie die Mischung der Tanne mit der Fichte, oder der Rothbuche mit der Eiche ꝛc. Trotz der im Ganzen beschränkten Anzahl der gebilligten Mischungen letzter Art finden sich doch darunter einige, welche der Verf., seinen Erfahrungen zufolge, nicht für empfehlenswerth halten kann, wie z. B. die der gemeinen Kiefer mit (gleichaltrigen) Birken oder Lärchen oder Eichen. — Cotta und Hundeshagen muß das Verdienst zuerkannt werden, diese so wichtige und doch so verwahrloste Betriebsmaasregel von einem besseren Gesichtspunkte aufgefaßt, gründlicher entwickelt und zuerst gegen das herrschende Vorurtheil gegen Mischbestände angekämpft zu haben. Dennoch will es uns bedünken, daß auch sie weder die Zahl der vortheilhaften Mischungen (neben einigen von ihnen angerathenen unzweckmäsigen) und die Bedingungen ihrer Anwendung gehörig erschöpft, noch auch den Einflus der Mischbestände auf die Erhöhung des Waldertrags, auf das National-wohl, auf die Erleichterung einer nachhaltigen Betriebsführung *c* vollständig und seinem ganzen Umfange nach erörtert haben, und daß daher dieser Gegenstand einer weiteren Ausbildung fähig seie und bedürfe.

Bei den praktischen Forstbeamten ist jedoch die Abneigung gegen Mischbestände noch mehr vorwaltend. Unter der geringen Zahl der von ihnen begünstigten Mischarten sind wieder einige mehr tolerirt, als direkt gefördert. Am nachsichtigsten verfährt man gewöhnlich bei Nieder- und Mittelwäldern — vielleicht weil man einsah, daß bei diesen Betriebsmethoden, der Kürze ihrer Umtriebszeiten halber, Bestände auf die Dauer nicht wohl rein zu erhalten seien. Nicht selten überschreitet hier die Nachsicht sogar das Maas der Ordnung. Man beruhigt sich nur zu häufig dabei, wenn die Schlagfläche nach dem jedesmaligen Abtriebe nur wieder zulänglich mit Holz sich begrünt, ohne besonders darauf zu achten, aus welchen Holzarten der Nachwuchs bestehe, und man hilft oft nur dann und da durch künstliche Kultur nach, wann und wo der Holznachwuchs stellenweise ganz fehlen sollte. Unstreitig hat die übele Beschaffenheit so vieler Niederwälder, welche schon mehre Abtriebe erlebt haben — (denn die 1 — 3 ersten Abtriebe hindurch halten sich die Stockschläge gewöhnlich gut und ziemlich rein) — in jener Sorglosigkeit ihren nächsten Grund. Häufiger schon findet man gut erhaltene Eichenschäl-wälder, weil bei ihnen der augenfällige Ertragsausfall an Lohe, deren Erlös oft den des Schälholzes selbst merklich übersteigt, an die Nachpflanzung der Eiche schon dringender mahnt. — Bei Hochwäldern dagegen ist die Vorliebe für reine Bestände fast unbedingt überwiegend. Nur einige wenigen Mischungen finden hier Duldung und positive Unterstützung. So die so natürliche wie vortheilhafte der Fichte mit der Edeltanne, wiewohl die treffliche Tanne und gerade in ihrer natürlichen Heimath durch die beliebten Kahlschläge und deren Wiederbestellung mit reinen Fichten, dieser Holzart immer mehr weichen muß und nach und nach ganz zu verschwinden droht, wie namentlich im Thüringer Walde. — So sprengt man auch hin und wieder in reine Rothbuchenbestände bei deren Verjüngung andere sogen. edle Laubhölzer — Eichen, Ahorne, Eschen, Rüstern — ein. Allein abgesehen davon, daß schon die Art der Ausführung dieser Einsprengungen den beabsichtigten Zweck häufig verfehlen läßt, so ist auch damit für die allgemeinere Verbreitung und eine nachhaltige Nutzung jener und anderer nützlicher Hölzer wenig gewonnen, weil nur einzele Forstwirthe und auch diese oft mehr versuchsweise oder auf besonderen Oertlichkeiten dergleichen Mischungen vornehmen, und selbst da nicht selten von dem Amtsnachfolger wieder aufgegeben wird, was der Dienstvorgänger begonnen hätte. — Gegen die schnellwüchsigen weichen Hölzer, wie Birken, Aspen, Weiden, Kiefern rc rc., welche sich in harten Laubhochwäldern von selbst ansiedeln, wird fast überall frühzeitig ein förmlicher Vertilgungkrieg eröffnet; man betrachtet sie als unwillkommene, ja schädliche Gäste, deren man sich nicht zeitig genug entledigen könne. Und wenn man sie hin und wieder noch in mehr erwachsenen Stangenhölzern findet, so verdanken sie ihre Lebensfristung oft nur dem Zufalle — daß wegen nöthigerer Fällungen, ihr Aushieb zurückgestellt werden mußte. Wird dieser doch mitunter selbst in Nadelbeständen verschoben, obschon darüber kein Zweifel herrschen kann, daß vorgewachsene Fremdlinge den Nadelbeständen stets wesenlichen Nachtheil bringen.

Die Ansichten des Verf. gehen nun dahin — einmal: daß die vielseitigen Interessen sowohl der Waldbesitzer, als auch der bunten Reihe von Waldnutzungkonsumenten in der Regel weit vollständiger, bequemer und sicherer durch passende Bestandsmischungen, als wie durch reine Bestände gewahrt werden, und daß man daher jenen Mischungen eine allgemeinere und grösere Ausdehnung verschaffen, zugleich aber auch bei ihrer Anlage und Unterhaltung mit planmäsiger Nachhaltigkeit verfahren solle; — zum andern: daß die Zahl der bereits als vortheilhaft erkannten Mischarten noch eine beträchtliche Mehrung zulasse. Dabei glaubt er sich ausdrücklich nicht nur dagegen verwahren zu müssen, als ob er an allen Orten und unter allen Verhältnissen die reinen Bestände durch gemischte verdrängt wissen wolle, sondern auch dagegen, als ob er glaube, daß eine an sich nützliche Mischart nun auch allerwärts zur Anwendung sich empfehle oder nur mit Erfolg physisch ausführbar seie. — Indem er seine, gröstentheils auf eigene thatsächliche Beobachtungen und Erfahrungen gestützten, Ansichten in Nachfolgendem näher zu entwickeln versucht, verzichtet er, zur Beruhigung einer gewissen Klasse von Kritikern, im Voraus auf jedwede Priorität, so wie auf den Anspruch einer vollständigen Erschöpfung des umfassenden und schwierigen Gegenstands; je mehr er selbst der mannigfachen Lücken in seiner Darstellung sich bewußt ist, um so lebhafter kann er nur wünschen, daß diese Lücken von begabteren Sachkennern recht bald und vollständig ausgefüllt werden möchten. Vor allem aber wünscht er, daß sein bescheidener Versuch dazu beitragen möge, eine recht allgemeine Theilnahme für den Gegenstand selbst zu erwecken und die Verbreitung vortheilhafter Bestandsmischungen in unsern Wäldern möglichst zu fördern.

Die Nothwendigkeit vieler und die Nützlichkeit noch mehrer Bestandsmischungen ist durch die Natur selbst vorgezeichnet, nämlich in dem selbstständigen Vor- und Fortkommen der Holzgewächse und in ihren Wachsthumsverhältnissen ausgedrückt.

Unsere Holzpflanzen — zusammen als eine Pflanzengruppe betrachtet — gehören bekanntlich zu den sogen. geselligen oder herrschenden Gewächsen (plantae gregariae s. sociales). Sie kommen überall da, wo in die freithätige Wirksamkeit der Natur nicht die störende Hand des Menschen eingriff, auf ausgedehnten Flächen zu gedrängten Massen vereinigt vor und erlangen nur so nachhaltig ihre kräftigste Entwickelung. Diese Erscheinung an der Holzgewächsfamilie im Ganzen spiegelt sich aber keineswegs an allen ihren Arten (species) ab; verhältnismäsig nur wenige Holzarten sind für sich oder rein-gesellige (pl. speciatim s. pure sociales), d. h. treten von Natur in reinen Beständen auf. Bei weitem die Mehrzahl gehört zu den gemischt-geselligen (pl. permixte sociales), welche nur in Vermischung mit jenen natürlich vor- und gut fortkommen. Die Holzgewächse stimmen in diesem Verhalten mit den übrigen Bürgern des Gewächsreichs ganz überein; denn auch bei diesen übertrifft die Zahl der gemischt geselligen Arten bei weitem die der rein geselligen.

So wie aber in der Werkstätte der Natur, vornweg der organischen, nirgends scharf gezogene Gränzen wahrnehmbar sind, sondern die scheinbar grellsten Gegensätze in sanften Uebergängen verschmelzen und das harmonische Urprinzip überall seine Geltung behauptet, so besteht auch zwischen den rein- und gemischt-geselligen Gewächsarten keine scharf sondernde Markscheide. Denn nicht nur, daß viele rein-geselligen Arten fast durchaus blos auf kleine Flächen gebannt sind, welche auf dem grosen Pflanzenteppig der Natur in mikroscopische Punkte sich verlieren, und daß selbst gar manche gemischt-gesellige Arten unter besonders günstigen äuseren Verhältnissen häufig stellenweise zusammengedrängt und gleichsam für sich herrschend vorkommen; — sondern auch die in der Regel auf grosen Flächen rein herrschenden Arten verlieren mehr und mehr diese Eigenschaft in dem Grade, in welchem sie den Gränzen ihres natürlichen Verbreitungbezirks, welcher durch Beschaffenheit des Bodens, der Lage und des Klima's bestimmt ist, sich annähern oder diese Gränzen gar überschreiten, und sie nehmen dann die Natur der gemischt-geselligen Pflanzen an.

Fragen wir nach den letzten Ursachen dieses Verhaltens der

Vegetabilien, so müssen wir bekennen, daß sie uns gröstentheils noch ebenso unbekannt sind, wie die ihnen ganz konformen Erscheinungen im Thierreiche, in welchem wir neben ständig oder periodisch geselligen Arten wieder isolirt hausende wahrnehmen. Vermögen wir doch von anderen, mit den vorerwähnten theilweise nahe verwandten, Erscheinungen im Gewächsreiche ebenfalls keine genügende Auskunft zu geben — wie z. B. über das eigenthümliche Verhalten der Gewächsarten gegen abweichende Standorte. Wir wissen, daß viele Pflanzen bald nur an eine einzige oder doch nur an wenige Gebirgsarten, bald nur an einen bestimmten Feuchtigkeitgrad des Bodens oder der Luft, bald auf kleine Bezirke einer gewissen Höheregion oder Zone von Natur gleichsam gefesselt sind, während wieder viele andere Gewächsarten eine auffallende Indifferenz in dieser Beziehung offenbaren, nämlich über Bodenarten von sehr verschiedener mineralischer Zusammensetzung sich ausbreiten, von Mooren und Brüchen auf trockene Sandsteppen und Mauern wandern, über viele Breite- und Längegrade sich ausdehnen und von den warmen Niederungen bis gegen ewigen Schnee der Alpen hinansteigen. Weder die Bodenkunde, noch die Meteorologie und Klimatologie, noch auch die Phyto-Anatomie, Chemie und Physiologie konnten uns bis jetzt diese räthselhaften Phänomäne befriedigend aufklären.

Doch nicht so ganz auf derselben Stufe befinden sich unsere Erfahrungen über das gesellige Verhalten der Holzgewächse. Sind uns auch die mannigfachen Zwecke, welche die Natur dabei befolgte, daß sie diese Pflanzen unter sich und bald zu reinen bald zu gemischten Beständen zusammengesellen lies, wohl theilweise noch verborgen; übersehen wir auch die Mittel, deren sie sich zur Erreichung dieser Zwecke bediente, wohl noch nicht vollständig, und vermögen wir selbst die uns schon bekannten nicht bis zu ihren Urquellen zurückzuführen und in ihre Elemente zu zergliedern — so kennen wir doch einerseits die sehr erspriesslichen Folgen dieses Naturgesetzes für unsere wirthschaftlichen Zwecke genau genug, um ihnen die gröste Aufmerksamkeit zu widmen, und haben andererseite jene Mittel ihrer Art und Endwirkung nach schon so weit erforscht, um sie für unsere Absichten dienstbar machen und ausbeuten zu können.

Das nachhaltig-gedeihliche Fortkommen der Vegetabilien wird wesenlich bedingt durch einen zureichenden Vorrath an assimilirbaren Nahrungstoffen, welche ihr Standort ihnen bietet. Die sich selbst überlassenen wilden Gewächse sind in dieser Hinsicht von dem zufälligen mannigfachen Wechsel der natürlichen Standortsverhältnisse abhängig; aber einmal vorhanden, geben fast alle durch ihre absterbenden, verwesenden Blätter, Stengeln und Wurzeln dem Boden reichlich wieder zurück, was sie zur eignen Ernährung ihm entnommen hatten, und versehen ihn so aufs Neue mit den Nährstoffen für die nachfolgende Pflanzengeneration. — Bei unseren Kulturgewächsen trit ein anderes Verhältnis ein. Nicht nur, daß über ihre Auswahl die natürlichen Standortsverhältnisse oftmal weit weniger entscheiden, als die Wünsche und Bedürfnisse des Menschen; sondern dieser entzieht auch in ihrer Ernte dem Boden eine grose Masse vegetabilischer Nahrungstoffe. Für diesen Entzug leistet blos die Agrikultur einen Wiederersatz durch künstliche Düngung, was hier um so nöthiger ist, als die Mehrzahl der Feldgewächse, zumal die um ihrer Früchte willen angebauten, die Bodenkräfte in gröserem Maase in Anspruch nehmen und solche ohne jenen Rückersatz bald erschöpfen würden. — Den Holzbeständen unserer Wälder wird jedoch eine derartige künstliche Unterstützung nicht zu Theil; der Wald — verlangt man — soll sich selbst düngen. Daß er dieser Anforderung auch zu entsprechen vermöge, lehrt die Geschichte unserer Wälder. Unerachtet der unermeßlichen Menge von Nahrungstoffen, welche ihnen der Mensch schon allein in der Holzernte fortwährend und ohne alle Ersatzleistung entzog, haben sich unsere Holzbestände seit Jahrhunderten, Jahrtausenden fortwährend in ungeschwächter Kraft erhalten, so bald nur dieser heilsame Naturprozeß keine gewaltsame

Störung erlitt — durch Zernichtung des Beständeschlusses oder des natürlichen Nachwuchses, durch übermäsige Streunutzung 2c 2c. Bei genauerer Betrachtung gewahren wir aber auch, daß das Vermögen, die Bodenkräfte zu unterhalten, nicht allen Holzbeständen gleichmäsig innewohne, daß es einer verhältnismäsig nur kleinen Anzahl Holzarten vorzugweise zukomme — solchen nämlich, welche geschickt sind, den Boden mit einer humosen Decke reichlich zu bekleiden und diese, sammt anderen Bodenkräften, gegen die Einwirkung feindlicher Meteore — insbesondere gegen Wind und Sonnenlicht — zu schützen. Die ihnen von der Natur hierzu verliehenen Schutzmittel bestehen theils in einem dichten Baumschlage, d. h. in einer in sich dichten Krone, theils in einem vollkommenen seitlichen Kronenschlusse, indem die Nachbarstämme, bei dazu hinreichend gedrungener Stellung, mit ihren Kronenrändern gegenseitig noch etwas in einander greifen oder sich doch noch berühren und so vereint ein dem Sonnenlichte und Winde wenig durchgängliches Schirmdach bilden. Eine derartige Dichte des Baumschlags und des Kronenschlusses behalten, zumal in mehr vorgerücktem Lebensalter, nur Bestände aus zählebigen Holzarten, d. h. solchen, welche bei nicht vollem Genusse des Sonnenlichts noch zu vegetiren vermögen, deren niederere Aeste (und Stämmchen), wenn sie von höheren überschirmt und beschattet werden, nicht sogleich absterben, sondern noch längere Zeit fortgrünen, und bei welchen somit die Kronendichte entweder durch grösere Höheausdehnung der Kronen, oder durch reichlichere belaubte Verzweigung im Innern gebildet wird. Eine immergrüne Belaubung unterstützt diese günstige Wirkung noch sehr. — Die übrigen (mehr lichtbedürftigen) Holzarten erlangen eine solche Kronenbildung nur bei isolirtem Stande, welcher den Zutrit des Sonnenlichts von allen Seiten her gestattet, keineswegs jedoch in geschlossener Stellung, so wie auch da nicht den seitlichen Kronenschlus.

Die vorerwähnten wichtigen Eigenschaften — nämlich die

Fähigkeit, den Boden nachhaltig und reichlich mit Humus zu versehen, so wie einen dichten Baumschlag und gedrungenen Kronenschlus bis zu höherem Bestandsalter hin zu bewahren — verlieh die Natur vorzugweise nur den rein geselligen Holzarten, dagegen in weit geringerem Grade den gemischt geselligen. Die Wirkungen dieser Einflüsse auf die räumliche Entfaltung und insbesondere auf den Massezuwachs der Holzbestände verdienen eine etwas nähere Betrachtung, welcher wir einen flüchtigen Ueberblick der elementaren Bestandtheile oder Nahrungstoffe der Holzgewächse vorausschicken wollen.

Die regelmäsige oder Haupt-Nutzung der Wälder ist bekanntlich auf den Stengel der Holzpflanzen — den Holzkörper sammt Rinde — gerichtet; weniger auf ihre Säfte, Früchte und Blätter. Nun besteht, so weit unsere jetzigen Erfahrungen reichen, das saftfreie, trockene, feste Holzgewebe nächst zur einen Gewichtshälfte aus Kohlenstoff, zur anderen aus Sauer- und Wasserstoff, beide nahe in demselben quantitativen Verhältnisse, wie im reinen Wasser. Auch die Baumsäfte enthalten diese 3 Stoffe, wiewohl in abweichenden Verbindungen, und noch einen vierten Stoff — Stickstoff. Auserdem finden sich im Safte und Holzgewebe zugleich einige wenige Prozente Mineralien, welche nach vollkommener Verbrennung des Holzes den Ascherückstand bilden — unter ihnen vorherrschend Kalk, dann Alkalien und Bittererde, weiter etwas Thon- und Kieselerde, Eisen und Mangan, meist gebunden an organische Säuren und an Mineralsäuren, wie Phosphor- und Schwefelsäure *).

*) Die Chemie schuldet uns noch manche wichtige Aufschlüsse auf diesem Gebiete. Noch sind erst nur wenige Holzarten auf ihren Mineralgehalt geprüft und ohne die nöthige Rücksicht auf die Einflüsse, welche die Verschiedenheit der Standorte (insbesondere der Gebirgsarten), der Baumtheile (Schaft, Zweige und Wurzeln, Holz und Rinde, reifes, Kern- und Splintholz), der Fällungzeiten 2c auf die Quantität und Qualität der Mineralstoffe bei einerlei Holzart äusern. Auch wäre

Da nun hiernach der Kohlen-, Sauer- und Wasserstoff die bei weitem vorwiegenden Bestandtheile des Holzkörpers ausmachen, so muß begreiflich auch von dem mehr oder minder reichlichen Zuflusse dieser Stoffe die räumliche Entwicklung der Holzbestände zunächst abhängen. Den Sauer- und Wasserstoff können wir bei unserer Betrachtung auser Acht lassen, weil beide auf mannigfachen Wegen sowohl durch die Atmosphäre, als auch durch den Boden unter allen Verhältnissen, welche eine Vegetation überhaupt nur möglich machen, den Holzgewächsen im Uebermaase zugeführt werden. Weit weniger ist das mit dem Kohlenstoff der Fall. Zwar bietet auch der Kohlensäure-Gehalt der Atmosphäre allen Vegetabilien, mithin auch unseren Hölzern, den benöthigten Kohlenstoff dar, und es dürfte keinem Zweifel unterliegen, daß die atmosphärische Kohlensäure die Urquelle des Kohlenstoffs unserer jetzigen Pflanzenwelt sei. Nichts desto weniger ist es eine längst entschiedene Erfahrungsache, daß auch der aus verwesenden organischen Resten sich bildende Humus im Boden einen sehr wesentlichen Beitrag hierzu liefere. Wir wissen, daß — wenigstens in unseren Breitegraden — eine Menge Holzarten, welche wir deshalb als ungenügsame zu benennen pflegen, in einem an Humus leeren oder nur armen Boden, enthielte dieser auch reichlich alle übrigen Nährstoffe, gar nicht fortkommen, und daß auch die übrigen, noch so genügsamen, Holzarten, auf einem humosen Boden augenfällig

---

sehr zu wünschen, daß die Baumsäfte und das Holzgewebe nicht, wie bisher, zusammen, sondern jedes für sich untersucht würde. Sollte die allgemeine Annahme: — daß rein ausgelaugtes Holz weit weniger Asche hinterlasse und daß diese keine Alkalien enthalte und deshalb auch nicht auf Potasche brauchbar seie — sich bestätigen, so wäre der Vermuthung Raum gegeben, daß manche Mineralstoffe vorzüglich nur den Baumsäften eigenthümlich seien und darum auch die Holzbildung mehr indirekt vermittelten, als substanziell unterstützten. Dieselbe Funktion scheint auch der Stickstoff zu verrichten. Ob die Nadelholzsäfte nicht ärmer oder ganz frei von Stickstoff sind, verdient ebenfalls untersucht zu werden.

besser gedeihen und an Zuwachs gewinnen. Die günstige Wirkung des Humus findet sowohl in seinem Bestande, als auch in seinem physikalischen Verhalten ihre einfache Erklärung. Seine elementaren Bestandtheile sind im wesentlichen dieselben, wie im Holze; er ist nur noch reicher an Kohlenstoff und an Mineralstoffen. In welcher Form sein Kohlenstoff von den Wurzeln der Holzpflanzen aufgenommen wird — ob nach seiner Umbildung in Kohlensäure, oder als humussaure Salze oder in anderer Gestalt — bleibt zwar noch zu ermitteln. Vorzugweise wirksam dürfte derselbe in der Jahreszeit sein, in welcher die sommergrünen Hölzer des Blätterschmucks entbehren und ihnen deshalb auf diesem Wege keine Nahrung zufliesen kann, nämlich vom Herbste an bis zum Frühjahre, wo die Aufnahme der Nahrungstoffe durch die Wurzeln allein vermittelt wird. — Zur Versorgung der Holzgewächse mit Mineralsubstanzen trägt der Humus sowohl durch seinen eigenen Gehalt an solchen bei, als auch dadurch, daß die aus ihm sich entwickelnde Kohlensäure, verbunden mit Wasser, ein sehr kräftiges Mittel zum Aufschlus der im Boden in einer durch Wasser allein unlöslichen Form vorkommenden, den Holzpflanzen nöthigen Mineralstoffe abgibt, wie des kohlen- und phosphorsauren Kalks, der kieselsauren Alkalien ꝛc. *) — Ebenso ist er auch eine Quelle von Stickstoff. Sollte auch die neuere Entdeckung von Mulder und Hermann, derzufolge der Humus eine eigenthümliche Kohlen-Stickstoff-Verbindung (Nitrolin) enthielte, sich nicht bestätigen, so ist doch gewiß, daß derselbe in hohem Grade die Eigenschaft besitze, Ammoniak aus der Atmosphäre

---

*) Daß wir jedoch der sich in neuerer Zeit geltendmachen wollenden Ansicht — wonach das Maas des Zuwachses aller Gewächse zunächst nur dem Gehalte des Bodens an solchen auflöslichen Mineralstoffen, welche die Pflanzenaschen ausweisen, abhängig bliebe — in Bezug auf unsere Holzpflanzen nicht beipflichten können, haben wir in einer unterdeß verfaßten Schrift: „Anleitung zu forststatischen Untersuchungen ꝛc. Giesen 1846" S. 20—22, näher ausgeführt.

zu absorbiren und solches gelöst in Wasser den Baumwurzeln zuzuführen. — Nicht minder wichtig erscheint die Fähigkeit des Humus, Wassergas aus der Luft einzusaugen, Wasser aufzunehmen und zu halten, so wie einen festen Boden zu lockern und ihn dadurch der Luft und den niederfallenden Meteorwassern zugänglicher zu machen; dagegen einem sehr lockeren Boden mehr Festigkeit zu verleihen und damit seine wasserhaltende Kraft zu erhöhen. Die Wassermenge, welche der Vegetationsprozeß der Holzpflanzen anspricht, ist ausnehmend gros und übersteigt, einzelen Erfahrungen nach zu schliesen, sogar die gesammte Menge Meteorwassers, welche den Sommer hindurch in tropfbar-flüssiger Form zur Erde gelangt, um ein Vielfaches. Deshalb muß auch das vorwaltende Vermögen eines Bodens — theils das niederfallende Meteorwasser in gröserer Menge in sich aufzunehmen und längere Zeit anzuhalten; theils Wasserdämpfe aus der Atmosphäre zu verschlucken, zumal während der trockneren Sommerzeit — einen entschieden vortheilhaften Einflus auf den Holzwuchs ausüben.

Indem wir nun die relative Tauglichkeit der Hauptholzarten: den Boden nachhaltig mit Humus zu bereichern — etwas näher zu prüfen gedenken, halten wir für passend, die Laubhölzer von den Nadelhölzern zu sondern — unterstellen aber bei beiden einen von Jugend auf unterhaltenen Bestandsschlus, indem alle Holzpflanzen bei isolirter Stellung wenig geschickt sind, ihren Standort mit Humus zu versehen, was wohl keiner weiteren Ausführung bedarf.

In solchen geschlossenen Laubbeständen, in denen eine sorgfältige Holznutzung, bis zum Wurzelstockholze herab, statthat, bildet sich der Humus hauptsächlich aus dem abfallenden und verwesenden Baumlaube. Eine Bodenlaubdecke gewährt schon an sich und vor ihrem Uebergange in Humus einen sehr wesenlichen Beitrag zur Förderung des Holzwuchses, dadurch, daß sie die wohlthätigen Wirkungen eines dichten Bestand-Kronenschirms unterstützen und verstärken hilft. Das Maas dieser Unterstützung hängt von der Stärke der Decke ab, und letzte wieder theils von der Menge und Substanziosität des jährlichen Laubabfalls, theils und hauptsächlich aber von seinem Widerstande gegen rasche Verwesung. Erfolgt die Auflösung des Laubs erst im Verlaufe mehrer Jahre, so kann sich ein mehrjähriger Laubabfall anhäufen. Dabei vereinigen sich die Blätter, in Folge ihres Gehalts an Kleber und Eiweis, zu einer kompakten Masse. Indem alljährlich die älteste und unterste Blattschichte in Humus übergeht, wird dieser Abgang wieder ersetzt durch den frischen herbstlichen Laubabfall, dessen innigere Verbindung mit der Oberfläche der älteren Laubschichte durch den Druck des auflagernden Schnee's vermittelt wird. Den Boden bekleidet so fortwährend eine zusammenklebende, schützende, den Einflus der Sonne, Kälte, Hitze und Winde mildernde Laubdecke. — Einen solchen Zustand finden wir aber vorzugweise nur in geschlossenen Rothbuchen-Beständen auf trockenen und frischen Standorten; keineswegs aber bei den meisten übrigen Laubhölzern, deren Blätter gröstentheils binnen Jahresfrist verwesen, zumal auf feuchten Standorten und bei feuchter Jahreswitterung. In dergleichen Beständen, besonders den mehr herangewachsenen, gewahren wir höchstens nur den Winter über eine vollständige Bodenlaubdecke, welche von Abgang des Schnees an bis zum Herbst hin sich mehr und mehr lichtet, und den nackten Boden hervortreten läßt, wenn diesen nicht etwa eine Decke von Unkräutern verhüllt.

In sehr jugendlichem Alter trit, bei zureichend dichter Stellung der Stämmchen, das abweichende Vermögen der Laubholzarten, die Bodenkräfte gegen Winde und Sonnenlicht zu schützen, weit weniger hervor. Der Grund ist theils in der grosen Zahl der Stämmchen, theils in dem geringen Abstande ihrer Krönchen vom Boden zu suchen. Die Winde können hier nicht so leicht eindringen und die Bodenfeuchte, die Laubdecke und die aus letzter, während ihrer vollständigen Verwesung entwickelte, Kohlensäure entführen. Welche ausnehmend grose Wassermenge die Holzpflanzen verzehren, wurde schon oben erwähnt. Nichts beschleunigt mehr eine rasche Verdünstung der Bodenfeuchte, als der freie Zutrit der Winde *); und diese stören zugleich einen vortheilhaften Gang der Verwesung der Laubdecke und des Humus theils durch den Entzug der Feuchtigkeit, ohne welche die Verwesung nicht stattfinden kann, theils durch die Entführung der schon gebildeten Kohlensäure, welche somit den Baumwurzeln entgeht, während zugleich der Humusverwesungprozeß (bei Gegenwart hinlänglicher Feuchtigkeit) nutzlos beschleunigt wird, weil eine bleibende Hülle von kohlensaurem Gase um den zersetzungfähigen Körper dessen weitere Verwesung hemmt. — Auch das Sonnenlicht, wenn es ungehindert auf den Boden fallen könnte, würde diesen durch Erwärmung austrocknen helfen, überdieß einen schädlichen Unkräuterwuchs hervorlocken und durch solchen dem Boden das nützliche Maas von Lockerheit entziehen, ihn dem Zutritte der Atmosphäre und des Regenwassers mehr verschliesen. Solche junge dichte Bestände gewähren aber dem Boden eine vollständige und — bei dem niederen Abstande der Kronen — sehr dunkle Beschattung, sogar an steilen Einhängen, und verhindern die Ueberhandnahme von Unkräutern.

Doch nur in früher Jugend beschützen die Laubbaumhölzer, ohne Unterschied der Holzart, in ziemlich gleichem Grade die Bodenkräfte gegen Wind und Sonne; und da der Nahrungbedarf der jungen Stämmchen noch gering ist, so übt auch die

*) Wer hätte in Gärten und Feldern noch nicht wahrgenommen, wie (besonders isolirt stehende) Pflanzen, welche bei vorherrschender Windstille im Sommer Monate lang das Ausbleiben von Regen, ohne auffallend zu trauern, ertragen haben, sehr plötzlich ihre Blätter senken beim Eintrit eines stärkeren Luftzugs; zumal eines trocknenden Ostwinds? Freilich beschleunigt dieser auch die Blattausdünstung. — Daß wir bei obiger Darstellung vorzugweise mehr gemäsigt feuchte und trocknere Standorte im Auge hatten, und daß auf nassen Boden der freiere Zugang der Winde weit weniger nachtheilig, sogar nützlich seie, braucht wohl kaum erwähnt zu werden.

mit den Holzarten wechselnde Gröse des jährlichen Laubabwurfs keinen besonders merklichen Einflus auf das normale Wachsthum der verschiedenartigen Bestände aus *). Mit andren Worten: bei solchen Laubholzarten, welche erfahrungmäsig zur hochstämmigen Anzucht in reinen Beständen durchaus nicht taugen, macht sich das an ihrem Wachsthume in der jüngsten Lebensperiode kaum bemerkbar. Wohl aber mit weiter vorrückenden Bestandsaltern, womit einerseite die Nahrungansprüche der Stämmchen wachsen, während andererseite die anfängliche grose Stämmezahl in geometrischer Progression abnimmt, dagegen die Abstandsweite der Kronen vom Boden zunimmt, mithin den Winden ein freierer Zugang von der Seite her eröffnet wird. Nur die wenigen (rein geselligen) Laubbaumhölzer, welche einen dichten Baumschlag und Kronenschlus weiterhin behalten, leisten dann noch einen wohlthätigen Schutz von oben her, und dieser würde noch viel kräftiger sein, wenn diesen Laubhölzern, — gleich den Nadelhölzern und vielen Straucharten — eine perennirende Belaubung verliehen wäre, so daß sie ihr dichtes Schirmdach fortwährend, vom Herbst an bis zum neuen Laubausbruch im Frühjahre, behielten, was leider nicht der Fall ist. Vorzugweise wirksam erweist sich, selbst bis zu höheren Bestandsaltern hin, ihr Kronenschirm in ebenen oder sonst geschützten Lagen, auf tiefgründigen, frischen Böden; weit weniger schon an stark abfälligen Wänden (zumal südlichen und östlichen), in Freilagen, auf seichten und trockenen Böden, wo selbst die dichtschirmige Rothbuche frühzeitig im Wachsthume nachläßt und einen hohen Umtrieb nur mit beträchtlichem Ertragsausfall ausdauert. — Die übrigen (gemischt-

*) Die Bodenschutzkraft junger Bestände zeigt sich sehr augenfällig an der bedeutenden Verstärkung der Jahrringe an den Mutterbäumen in Hochwald-Verjüngungschlägen, wenn diese Oberständer, so weit ihre horizontale Wurzelausbreitung reicht, mit jungem Nachwuchse dicht unterwachsen sind.

geselligen) Laubbaumhölzer, in geschlossener Stellung unter sich, erlangen dagegen unter keinerlei Verhältnissen einen so gedrungenen Baumschlag und Kronenschlus; sie lichten sich vielmehr mit zunehmendem Alter mehr und mehr aus und verlieren so das Vermögen, den Boden genügend zu schirmen; letzter entbehrt, vornweg den Sommer über, der schützenden, nahrhaften Laubdecke und zeigt, statt deren, gewöhnlich einen dichteren oder lichteren Ueberzug von mancherlei kleineren krautigen oder holzigen Gewächsen. Es kann sich deshalb nicht fehlen, daß die aus einer oder mehren dieser Holzarten allein zusammengesetzten Holzwaldbestände, zumal auf nicht sehr günstigen Standorten, schon sehr frühzeitig zurückgehen und bei einem dennoch erzwungenen höheren Umtriebe, neben einem ansehnlichen Ertragsausfall, auch der Nachzucht einen erschöpften und verwilderten Boden darbieten. Wohl aber gewinnen sie alle und unter allen Verhältnissen bei vorwiegender und gleichförmiger Beimischung einer rein geselligen Holzart eine weit kräftigere Entwickelung und längere Ausdauer; und sie liefern hier zugleich durch ihren jährlichen Laubabwurf einen erklecklichen Beitrag zur Instandhaltung der Bodenkräfte, welcher unter dem schützenden Schirme der beigesellten Holzart seine natürliche Bestimmung nicht verfehlt. Diese ihnen von der Natur angewiesene Stelle im Hochwalde sollte der Mensch nicht gewaltsam verrücken' und nicht einen reinen Anbau dieser Holzarten erzwingen wollen, weil dieser in der Regel keine günstigen Erfolge verspricht. — Eher schon könnten dieselben, wenigstens die genügsameren, in Betriebsarten mit sehr niederem Turnus, wie im Nieder- und Mittelwalde, vorherrschen; so wie es sich aus Vorstehendem einfach erklären dürfte, warum wir in unseren Breitegraden weit mehr rein gesellige Sträucher zählen, als Baumhölzer *).

*) Wir erinnern nur an die Gattungen Calluna, Erica, Vaccinium, Rhododendron, Myrica, Empetrum, Vinca, Hedera, Ononis, Sarothamnus

Prüfen wir nun unsere Nadelhölzer auf die Eigenschaften hin, welche wir bei den Laubhölzern als Bedingungen ihrer Fähigkeit, reine Bestände zu bilden, hervorhoben, so scheinen solche theilweise den Nadelhölzern zu mangeln. Letzte liefern nämlich durchgängig einen viel geringeren jährlichen Laubabfall und mehre von ihnen sind nicht vermögend, ein dichtes Kronenschirmdach zu unterhalten; dennoch gehören sie alle zu rein geselligen Holzarten. Dieser scheinbare Widerspruch löst sich aber bei näherer Untersuchung, und wir finden dann in dem eigenthümlichen Verhalten der Nadelhölzer nur den Ausweis, daß bei ihnen die Natur denselben Zweck auf anderen Wegen zu vermitteln vermochte. Sie versah zu dem Ende diese Holzarten (die Lärchen allein ausgenommen) mit einer immergrünen Belaubung und den Boden unter ihnen mit einer Moosdecke. Letzte fehlt zwar den jungen Nadelbeständen; in ihnen bedeckt den Boden ebenfalls nur eine Schichte von Blättern — Nadeln — welche, trotz der Schwäche des jährlichen Nadelnabfalls, nicht unbedeutend ist, weil die Nadeln weit langsamer vermodern als die Laubblätter, auch nicht vom Winde hin- und hergetrieben werden. Sobald jedoch die Nadelbestände mehr heranwachsen und die anfängliche dunkle Beschattung des Bodens einem helleren Zwielicht weicht, beginnt letzter sich mit allerlei kryptogamischen Gewächsen, besonders mit Laub- und Lebermoosen, zu überziehen, welche allmählig eine geschlossene hohe und lockere Decke bilden. Die Mehrzahl dieser Moose scheint ihre Nahrung fast ausschlieslich aus der Atmosphäre zu beziehen und gedeiht vorzugweise unter dem Schirme der Nadelhölzer, ohne daß wir die Ursachen davon genauer kennen. Unter den Laubmoosen liefern die schätzbarsten Beiträge zu

---

(Spartium), Ulex, Ilex, Hippophaë, Crataegus, Cornus, Salix, Corylus, Prunus (spinosa), Ribes (nigrum), Rubus (idaeus), Rhamnus (Frangula), Alnus (viridis) etc. Unter ihnen finden sich freilich viele wintergrüne und solche, welche einen feuchten und nassen Standort lieben.

dieser Bodendecke die Gattungen der Schlaf- oder Astmoose, Hypnum, und der Gabelzähne, Dicranum; unter den Lebermoosen die Gattung Jungermannia in ihren bestengelten höheren Arten *). — Eine gut geschlossene starke Moosdecke ersetzt eine Laubschichte vollständig; jene widersteht, ohne zugleich den Boden dem Luftzutritte zu verschliesen, noch kräftiger der Einwirkung der Winde, des Sonnenlichts, der Kälte und Hitze, so wie der Ansiedlung von Unkräutern. Die Unterhaltung der Bodenfrische fördern die Moose weiter dadurch, daß sie Wasser fast so gierig, wie Badeschwämme, einsaugen und dem Boden mittheilen, ebenso auch vielen Wasserdampf aus der Luft anziehen. Zugleich bereichern sie den Boden mit Humus durch den absterbenden und verwesenden unteren Theil ihrer Stengel, während sie weiter aufwärts neue Wurzelhaare bilden und an den Spitzen den Sommer

*) Der spezifische Einflus der verschiedenen Bodenmoose (und anderer Kryptogamen, wie der Schachtelhalme, Bärlappen, Farne, Flechten und Schwämme) auf Waldboden und Holzwuchs, so wie die Geschichte ihrer Ansiedelung und Wechselfolge nach Maasgabe der Holzarten, des Bestands-Alters und Schlusses, der Boden- und Lageverhältnisse ꝛc fanden bis jetzt nicht die wünschenswerthe Beachtung und Aufklärung. Wir behalten die spätere Mittheilung unserer desfallsigen Beobachtungen uns vor, möchten aber gerne, daß auch Andere diesen Gegenstand aufnähmen und weiter verfolgten. Hier vorläufig nur die Andeutung, daß die besten und reichlichsten Zuschüsse zu den Bodenpolstern in Nadelbeständen liefern aus der Gatt. *Hypnum* die Spezies : H. splendens, Schreberi, purum, umbratum, triquetrum, praelongum, crista castrensis, loreum, brevi- et longirostre, myurum; auf trockeneren Stellen: H. rugosum, lutescens, abietinum; auf feuchteren: H. cupressiforme, tamariscinum, squarrosum, undulatum; — aus der Gatt. *Dicranum* die Arten : D. scoparium, majus und undulatum. Die auf nassen und torfhaltigen Böden gebildeten Polster von Hypnum, wie von H. cuspidatum, nitens, trifarium, aduncum, filicinum etc., ferner von Dicranum glaucum, verschiedenen Arten der Gattungen Polytrichum, Mnium, Sphagnum, Bryum, Climacium etc. benachtheiligen mehr den Holzwuchs, als sie ihn begünstigen. — Die besseren Stellvertreter der Laubmoose unter den Jungermannien sind : J. asplenoides, nemorosa, trilobata, albicans etc.

und Winter hindurch fortgrünen und sich verlängern; dabei besitzen diese Gewächse ein äuserst zähes Leben, ertragen die strengsten Kältegrade, so wie eine lange anhaltende Trocknis ohne Nachtheil.

Nach diesen allgemeinen Vorbemerkungen bleibt uns noch übrig, die Hauptholzarten auf ihr eigenthümliches Verhalten in den erwähnten Beziehungen einer kurzen Musterung zu unterwerfen. Wir beginnen dabei wieder mit den Laubhölzern.

Unter diesen gebührt der Rothbuche unstreitig die erste Stelle — theils wegen ihrer vielseitigen Nutzbarkeit, theils wegen ihrer weiten horizontalen wie vertikalen Verbreitung über die verschiedenartigsten Gebirgs- und Bodenarten hin, in ausgedehnten sowohl reinen, als gemischten Beständen; — theils wegen ihres vorzüglichen Vermögens, bis zu höheren Bestandsaltern hin die Bodenkräfte zu schützen und zu mehren, so wie sie denn eigentlich die einzige bei uns herrschende Laubbaumholzart ist. An Zählebigkeit übertrifft sie die übrigen Baumhölzer, mit alleiniger Ausnahme der Fichte und Tanne, widersteht jedoch ihrer eigenen Ueberschirmung nicht sehr lange, wie wir in geschlossenen reinen Beständen an dem hohen Abstande der Kronen vom Boden (oder an der mäßigen Höheausdehnung der Kronen an sich), so wie an dem ziemlich frühzeitigen Eingehen völlig übergipfelter Stämmchen wahrnehmen. Abgestorbene Aeste und Zweige lösen sich bald ab. Ihr dichter Baumschlag — (welcher bei jüngeren Stämmen mehr durch eine reichliche und stark belaubte Verzweigung im Innern der Kronen, späterhin — in Folge der Verkürzung der Zweigaxen — durch eine dichte Belaubung auf der Kronenoberfläche bewirkt wird und fortwährend bei gesunden Stämmen zunimmt) — verbunden mit einem vollkommenen Seitenschlus — (bei welchem die zusammengränzenden Kronenzweige sich nicht blos berühren, sondern meist auch noch etwas in einander greifen) — schützt den Boden gegen feindliche Meteore und die Ueberhandnahme von Unkräutern. Dazu, so wie zur Bereicherung des Bodens mit Humus, trägt auch ihr reichlicher Abfall an substanziösem Laube um so mehr bei, als das Rothbuchenlaub erst innerhalb mehrer — 3, 4, 5 — Jahre in Humus sich verwandelt und die verschiedenen Schichten sich innig mit einander verbinden. (Nur auf feuchten Standorten geht die Laubvermoderung rascher von statten und es siedeln sich hier auch schon mehr Unkräuter an). — Diese Eigenschaften machen es wohl erklärlich, wie diese Holzart Jahrtausende lang auf einer Stelle sich frohwüchsig erhalten konnte, und daß in ihrer Gesellschaft alle übrigen Baumhölzer, die von Natur selbst rein geselligen nicht ausgenommen, sehr merklich an Stärke-, Höhe- und Massezuwachs gewinnen. Deshalb eignet sich die Rothbuche vor allen zur vorherrschenden Holzart in Hochwald-Mischbeständen, besonders zur Mitanzucht solcher Hölzer, welche für sich allein die Bodenkräfte nicht genügend zu unterhalten vermögen. Die grösere Mehrzahl derselben scheint von der Natur selbst angewiesen zu sein, ihren Wohnort in Rothbuchenbeständen zu suchen; in diese drängen sie sich vorzugweise ein. Nicht selten wird die Rothbuche das Opfer ihrer Gäste, vornweg an den Gränzen ihres natürlichen Verbreitungbezirks, wie auf mageren Standorten, in sehr niederen wie sehr hohen Lagen, an südlichen Einhängen 2c, zumal wenn auch der Mensch durch fehlerhafte Schlagstellungen, Streuentzug 2c dazu mitwirkt. Noch rascher erfolgt das Verdrängen der Rothbuche in Nieder- und Mittelwäldern, wo das häufige und zeitige Ausbleiben ihrer Stöcke und der anfängliche langsame Wuchs ihrer Loden die Ansiedlung der Weichhölzer begünstigt.

Die Hainbuche steht in vielen Stücken der Rothbuche nahe, doch nicht gleich. Die Bodenkräfte schützt und mehrt sie zwar, aber merklich weniger, weil sie im Schlusse weder den dichten Kronenschirm erlangt, noch so vieles und derbes Laub liefert und dieses auch rascher verwest. Die dichte Laubkrone, welche sie in freiem Stande bildet und sie für Lauben und Hecken empfiehlt, lichtet sich beträchtlich in gedrängter Stellung und man findet in geschlossenen reinen Hainbuchenbeständen — vornweg auf den feuchten Standorten, welche diese Holzart liebt — nur eine schwache Laubdecke und den Boden früher und stärker mit Kräutern überzogen. Darin dürfte auch wohl der Grund liegen, warum die Hainbuche, unerachtet ihrer frühzeitigeren, häufigeren und reichlicheren Fruchtbarkeit, innerhalb ihres (freilich beschränkteren natürlichen) Verbreitungbezirks weit seltener in reinen Beständen auftrit, als die Rothbuche, warum sie so häufig der letzten beigesellt ist und dann auch an Zuwachs und Ausdauer gewinnt. Nichts desto weniger behauptet der Hornbaum eine sehr wichtige Stelle unter unseren Baumhölzern, theils wegen seines trefflichen Holzes, theils als geschätzter Gesellschafter für viele andere, mit noch geringerem Bodenbesserungvermögen begabte Laubholzarten, zumal da er sich so wohlfeil und sicher und auf ziemlich schutzlosen Stellen anbauen läßt. In Nieder- und Mittelwäldern ist er aber wegen seines reichlichern und etwas schnellwüchsigeren Stockausschlags und der längeren Ausdauer der Stöcke weit willkommener, als die Rothbuche.

Daß auch die beiden Erlen, besonders die Schwarzerle, theils in reinen Beständen, theils vorherrschend unter anderen Laubhölzern auftreten und sich so nachhaltig in gutem Zuwachse erhalten, ist mehr dem natürlichen (nassen) Standorte dieser Holzarten, als letzten selbst beizumessen. Bei starkem Lichtbedürfnisse erlangt die Schwarzerle im Schlusse nur einen mittelmäsig dichten Baumschlag und Kronenschlus; ihre Laubmasse ist nicht besonders gros und zersetzt sich rasch. Allein die Bodennässe ermäsigt den Einflus der Sonne und des Winds auf den Boden, bewirkt eine Zersetzung des Laubs mehr durch Fäulnis, als durch Verwesung, und bindet zugleich die dabei gebildete Kohlensäure. Daher verliert auch die Erle bei ihrem Uebergang auf trocknere Standorte sehr bald das Vermögen, zu herrschen.

Auser den 3 vorgenannten gibt es unter unseren einheimischen Laubbaumhölzern noch einige, welche hin und wieder reine Hochbestände bilden, wiewohl nur in Folge eigenthümlicher Standortsverhältnisse oder auch künstlichen Anbaues; ihre ungemischte Anzucht zu Hochwald empfiehlt sich jedoch in der Regel nicht.

Unter ihnen mögen die beiden Eichen, welche am häufigsten bald allein bald zusammen rein auftreten, zuerst genannt werden. Ein groser Theil dieser Bestände verdankt ihre Entstehung dem künstlichen Anbau; und viele andere, wo dieser Ursprung nicht wohl unterstellt werden kann, bieten unverkennbare Spuren einer früher stattgefundenen Beimischung von anderen Holzarten, besonders von Buchen und Nadelholz. So erscheint in dem durch seine herrlichen Traubeneichen berühmten Spessart die Rothbuche als die stete und vorherrschende natürliche Begleiterin der Eiche. So viel ist gewiß, daß reine Eichenbaumhölzer zum Schutze und zur Erhöhung der Bodenkraft wenig beizutragen vermögen. Zwar ist das Eichenlaub gros und substantiös und die jährliche Abfallmenge nicht gering; dagegen begrünen sich die Eichen erst spät im Frühjahre, ihr Baumschlag und Kronenschlus bleibt locker (— vornweg bei der Stieleiche, schon etwas weniger bei der Traubeneiche) — und der Blattabfall verwefet rasch, weshalb denn in mehr erwachsenen reinen Eichenbeständen der Boden im Sommer weniger mit Laub bedeckt, als mit Gräsern, Kräutern, Heidelbeeren rc bekleidet ist, auf kräftigen Stellen auch wohl mit mancherlei höherem Strauchwerk. Hierzu kommt noch, daß die Eichen, besonders Stieleichen und in sonnigen Lagen, zum Austreiben von Schaftloden, denen Zopftrocknis nachzufolgen pflegt, sehr geneigt sind. Darum finden wir auch ältere reine Eichenbaumhölzer nur da noch in kräftigem Wachsthume, wo dieses durch einen fetten oder doch recht kräftigen und gründigen Boden (wie in Flußniederungen) oder durch eine frische schattige Lage (wie an nördlichen Einhängen) oder durch einen schützenden Unterwuchs von höheren Laubsträuchern unterstützt wird; und selbst hier lehrt meist schon der blose Augenschein, daß ihr Zuwachs durch die Beimischung einer anderen, den Boden schützenden und bereichernden, Baumholzart noch merklich sich erhöhen liese. — Schon eher erhalten sich reine Eichen-Niederwälder in gutem Stande; daß aber auch durch sie der Boden nicht besonders bereichert wird, lehrt die Erfahrung da, wo man den Grund zugleich zum periodischen Fruchtbaue mitbenutzt, wie in Hackwäldern; der mit reinen Eichen bestandene Boden findet ebenso, wie der blos mit Birken bestockte, entweder gar keine Pachtliebhaber oder doch nur zu niederen Preisen.

Noch weniger — vielleicht am wenigsten unter allen Baumhölzern — vermögen die locker bekronten und schwach belaubten Birken die Bodenkraft zu erhalten, geschweige denn zu erhöhen. Die auf uns überkommenen und meist unvollkommenen reinen Birkenbestände entstanden zum Theile auf natürlichem Wege da, wo fehlerhafte Hiebsführungen und andere Zufälle den Beständeschlus störten und dem Eindrängen der Birke Vorschub leisteten; zum grosen Theile stammen sie aber auch aus jener Zeit her, wo man, das wahre Verhalten dieser Holzart verkennend, sich durch ihre Schnellwüchsigkeit, ihre scheinbare Genügsamkeit und ihre leichte und wohlfeile Anzucht im Freien, selbst auf schutzlosen, trockenen und frostigen Stellen — zu der Meinung verleiten lies, als seie sie das vorzüglichste Mittel, einem verwilderten oder verarmten Boden neue Fruchtbarkeit zu verleihen, so wie dem Waldbesitzer einen hohen Ertrag zu sichern, und darum ihren künstlichen Anbau eifrigst betrieb. Jetzt ist man mit Recht so ziemlich allgemein von dieser irrigen Ansicht zurückgekommen, verfällt aber nicht selten in das entgegengesetzte Extrem, indem man diese an sich so nützliche und an ihrer rechten Stelle so unschädliche Holzart gänzlich zu verdrängen strebt. — Länger schon halten sich reine Bestände von der Buchbirke (Bet. pubescens Ehrh; B. odorata Bechst.) auf Torf- und Moorboden und überhaupt auf nassen Plätzen, aus gleichen Gründen, welche oben bei der Schwarzerle angedeutet wurden. — Auch zum Niederwaldbetriebe taugen reine Birken nicht; auch hier vermögen sie eine baldige Verarmung des Bodens nicht zu verhindern, und das um so weniger, als die Birkenstöcke bekanntlich nur 2—3 mal gut ausschlagen, dann aber eingehen. *)

Viel besser würden die beiden Linden — besäse nur ihr Holz einen höheren Werth — in reinen Beständen fortkommen und die Mitanzucht anderer Laubhölzer begünstigen. Bei ihrem zähen Leben behalten sie bis zu hohen Bestandsaltern hin einen ziemlich dichten Baumschlag und Schlus, und der jährliche Laubabfall ist sehr ansehnlich, wiewohl das Laub innerhalb 2 Jahren verweset. In Niederwäldern ist sie fast unverwüstlich und nicht selten eine wahre Plage.

Auch die schon am südlichen Abhange der Schweizeralpen herrschend auftretende zahme Kastanie könnte vielleicht in milden, vor Spätfrösten gesicherten Lagen von Süd- und Mitteldeutschland rein und gemischt zu Hochwald angezogen werden; ihre Laubmasse ist gros, ihr Baumschlag ziemlich dicht, wiewohl im Schlusse merklich lichter, als bei der Rothbuche. Ihr und der Wallnuß Verhalten in geschlossenen Beständen bedarf noch genauerer Prüfung.

Alle unseren übrigen Laubbaumhölzer, wie Ahorne, Eschen, Rüstern, Vogel-, Elz- und Mehlbeeren, wilde Apfel- und Birnbäume, Pappeln, Baumweiden rc kommen,

---

*) Die Birken besitzen in allen Stammtheilen (Wurzeln, Stock und Krone) nur eine schwache Reproduktionkraft. Der reichliche Ausschlag, welchen die Stöcke von Kernstämmchen bis zu einem gewissen Alter hin austreiben, entspringt fast allein aus vorhandenen schlafenden Knospen; diese finden sich zwar auch bei anderen Laubhölzern, aber besonders reichlich und häufig in Form eines Rosenstocks an Rehbocksgehörnen, oberhalb der Wurzeln der Birkenstämmchen. Sie vergehen wieder unentwickelt mit zunehmendem Alter der Stämmchen, wenn diese unverstümmelt bleiben, und werden von den Birken-Stockloden wenig oder gar nicht reproducirt — daher das frühzeitige Eingehen der Birkenausschlagstöcke, und zugleich die Nothwendigkeit, beim Abtriebe der Birken-Stangen und Loden diese Knospen möglichst zu schonen und den Hieb nicht zu tief zu führen.

seltene Ausnahmen abgerechnet, von Natur nicht rein auf gröseren Flächen vor und taugen auch nicht zur Anzucht reiner Hochbestände, es wäre denn etwa auf überaus günstigen Standorten. Man würde sich sehr täuschen, wenn man die reich- und dichtbelaubten Kronen, welche von Jugend auf ganz frei stehende Stämme der Art schmücken, auch auf die in stetem Schlusse erzogenen Bäume übertragen wollte. Nur in ihrer frühen Jugend und bei dichtem Stande vermögen wohl alle diese Hölzer die Bodenkraft zu schützen und selbst zu mehren, wie schon oben erörtert wurde. Diese günstige Wirkung verliert sich aber mit ihrem vorschreitendem Alter und der Vornahme der Durchforstungen mehr und mehr, so daß schon spätestens gegen die Mannbarkeit hin eine merkliche Abnahme der Bodenkraft und ein Rückgang des Zuwachses sich augenfällig machen. Deshalb eignen sich auch alle diese Holzarten für sich allein nicht zum Hochwaldbetriebe, eher schon zu Niederwald.

Unter den Nadelhölzern besitzt die Fichte oder Rothtanne das Vermögen, die Bodenkraft zu unterhalten, in hohem Grade. Ihre Zählebigkeit ist gröser, als die fast aller übrigen Baumhölzer; selbst völlig überschirmte Aeste und Stangen grünen noch sehr lange fort, und wenn nicht störende äusere Einflüsse, wie Wind- und Schneebrüche, Harzscharren ꝛc eine frühere Lichtung gewaltsam herbeiführen, so halten sich die Fichtenbestände bis zu hohem Alter hin in gutem Schlusse, worin die Nachbarstämme mit ihren Astspitzen sogar noch in einander greifen. Die einzelen Astquirle bilden zwar jeder für sich keine dichten Schirme, weil die fast wagerechten Aeste — ähnlich den in einem Kreise gezogenen Radien — gegen den äuseren Umfang hin immer weiter aus einander treten; trotzdem besitzt die Fichte theils in Folge der hohen Längeausdehnung ihrer Krone (wozu selbst abgestorbene untere Aeste beitragen, weil sie noch lange am Schafte sitzen bleiben), theils in Folge dessen, daß die Lücken in den unteren Quirlen durch Aeste in den höheren Quirlen wieder gedeckt werden und daß die schlanken Hangelzweige an den Hauptästen weit aufwärts, bis zum 10ten Triebe und weiterhin, ihre Nadeln behalten — einen recht dichten Baumschlag, sehr geeignet zum Schutze des Bodens, wiewohl auch oft verderblich den der Fichte beigemischten, langsamer wüchsigen anderen Baumhölzern. Die Bodenmoosdecke stellt sich deshalb unter der Fichte (und Tanne) merklich später ein, als unter Lärchen und Kiefern, erreicht dann aber eine beträchtliche, der natürlichen Ansamung mitunter sogar hinderliche, Höhe *). Der jährliche Nadelnabfall ist unbedeutend, obschon grünes Fichtenreisig eine mehr als doppelt so grose Nadelmasse enthält, als grünes Kiefernreisig; bei diesem fallen aber auch

*) Diejenigen, welche den unter Fichten (und Tannen) sich ansiedelnden Moosteppich nur in Niederungen beobachtet haben, werden erstaunen, wenn sie seine Höhe in der Heimath dieser Nadelhölzer, den höheren Gebirgszügen, untersuchen. So erlangt z. B. im Thüringer Walde die — oft von noch längeren Heidelbeersträuchern durchwachsene — Moosdecke mehre Fuse Höhe; man sieht da häufig ältere Fichten, welche auf ihren etwas über oder unter einem Winkel von 45° in den Boden eingesenkten Tagwurzeln wie auf Füsen und so hoch über der Erde stehen, daß man unter den Stöcken bequem durchsehen kann, ja daß Kinder unter ihnen wegkriechen könnten. Da die Schöpfer und Anhänger der neuerdings aufgetauchten seltsamen Hypothese — der zu Folge nicht blos die jüngsten Triebe während ihrer Entwickelung im ersten Sommer, sondern auch alte Schaft- und Astteile sich noch fortwährend in die Länge ausdehnen sollen, so daß hiernach (und in Folge der fortschreitenden Verdickung der Tagwurzeln) das untere Stammende der Bäume fortwährend weiter über dem Boden emporstiege — leicht in vorerwähnter Thatsache einen neuen Beleg für ihre Ansicht erblicken dürften, so bemerken wir, daß jene Erscheinung sich wohl sehr einfach in folgender Weise erklärt. Die Würzelchen einer Fichtenpflanze, welche auf oder an der Oberfläche einer so hohen Moosdecke keimt, müssen durch das natürliche Bestreben, in die nicht so leicht austrocknende untere Moos- und Bodenschichte einzudringen, von der ihnen sonst eigenthümlichen mehr wagrechten Längeausdehnung abgeleitet und zu der eben gedachten gegen den Horizont stark geneigten Richtung hingezogen werden. Der leere Raum zwischen dem Wurzelstock und dem Boden bildet sich später nothwendig, wenn mit zunehmender Stärke der Wurzelstöcke das Moos darunter abstirbt und zusammenfault.

die Nadeln schon vom 4jährigen Triebe, auf schlechteren Standorten selbst vom 3- und 2jährigen Triebe ab, während sie, wie vorbemerkt, bei der Fichte viel weiter hinauf sitzen bleiben. Daß die Fichte, gleich der Tanne, in ganz freiem Stande am wenigsten an Totalhöhe einbüst und dabei noch recht gerade Schäfte bildet, ist wohl allgemein bekannt.

Die Edel- oder Weißtanne kommt in den meisten der vorberührten Punkten mit der Fichte fast ganz überein. Fehlen ihr auch die Hangelzweige, so leidet hierunter doch die Schirmdichte nicht — wegen der kammförmigen Stellung der breiteren Nadeln an den fächerartig ausgebreiteten Zweigen.

Die gemeine Kiefer (P. silv.) weicht dagegen in ihrem desfallsigen Verhalten von den beiden vorigen Nadelhölzern wesenlich ab. Bei ihrem weit rascheren Wuchse von vorn herein schützt zwar die Kiefer den Boden früher und vollständiger und bereichert ihn auch mehr durch ihren stärkeren Nadelnabwurf. Ihr Lichtbedürfnis ist jedoch viel gröser; überschirmte Aeste und Stämmchen sterben und faulen bald ab und um; ja sogar prädominirende Stämme, sobald ihre Kronen von kräftigeren Nachbaren nur seitlich stark beengt werden, pflegen leicht einzugehen. Deshalb stehen auch die Kronen der Kiefern an Längeausdehnung und innerer Dichte denen der Fichte und Tanne weit nach; unter jenen überzieht sich der Boden früher mit einer Moosdecke und zwischen und unter ihnen vorkommendes Laubholz leidet viel weniger an Verdämmung, zumal auf frischen und kräftigen Standorten. Dagegen wird die Kiefer durch vorgewachsenes anderes Holz, selbst die lichtkronige Birke nicht ausgenommen, sehr bald verdämmt und ruinirt. — Der seitliche Kronschlus der Kiefernbestände ist ebenfalls sehr locker und eigentlich nur in ihrer Jugend vorhanden, wo die Seitenzweige sich noch gegenseitig berühren und sogar noch etwas in einander greifen. Aber schon vom 30—40sten Jahre an hört gewöhnlich dieser Schlus auf; die Kronen entfernen sich von da an immer weiter von einander, so daß die Abstände in 50—60jährigen Beständen oft schon mehre Fuse betragen und 80jährige nur noch einigermaasen geschlossene Kiefernhölzer schon zu den Seltenheiten gehören. Eine unausbleibliche Folge dieser fortschreitenden natürlichen Auslichtung, welche Wind und Sonne freier auf den Boden einwirken läßt, ist ein Stillstand und Rückgang in der Zunahme der Bodenkraft, zumal da gewöhnlich die frühere dichte und hohe Moosdecke durch andere minder nützliche Gewächse theilweise verdrängt wird, nämlich auf frischeren Stellen durch Gräser, Kräuter und kleine Sträucher, auf trockenen Stellen durch schlechtere Moose (wie Trichostoma, Racomitria, Polytricha etc) oder Flechten (Cenomyce, Stereocaulon, Cornicularia, Peltigera etc). Und da nun auch die vorhandene Bodenkraft durch den ausgelichteten Bestand nicht vollständig beschäftigt werden kann, so ist es leicht erklärlich, warum der durchschn.-jährliche Abtriebsertrag der Kiefernbestände schon vom 50—60sten Jahre an und zwar ziemlich rasch zu sinken pflegt und warum nur die durchschnittlichen Zwischennutzungerträge sich etwas länger auf ihrer früheren Höhe erhalten, wiewohl auf Kosten des Abtriebertrags und auch nur dann, wenn eine fleisige Vornahme der Durchforstungen nicht versäumt wird. *) — In ganz freiem Stande von Jugend auf wird bekanntlich die Kiefer weder lang- noch geradschaftig.

Von der Schwarz- oder österreichischen Kiefer (P. Pinaster *Ait.*, P. austriaca *Tratt.*) sind dem Herausgeber bis jetzt noch keine ausgedehnteren älteren Bestände zu Gesicht gekommen, sondern nur einzele Stämme und Horste, abgesehen von den jüngeren Kulturen, welche er selbst seit 18 Jahren mit dieser Holz-

*) Fast bei keiner anderen Holzart sind kurze Durchforstungperioden so nöthig, als bei der Kiefer. Der Herausg. mußte in seinen verschiedenen Amtsbezirken die Durchforstung der Kiefernbestände in der Regel alljährlich wiederholen lassen, schon weil Jahr vor Jahr eine Menge dürrer Stämme sich ergab, und das in den zuvor ganz regelmäsig durchläuterten Beständen — vornweg auf kräftigen Gebirgsarten.

art versucht hat. Ganz augenscheinlich zeigt aber diese anbauwürdige Kiefer ein geringeres Lichtbedürfnis und einen dichteren Baumschlag, als die gemeine, der sie aber an Schnellwüchsigkeit etwas nachzustehen scheint, und sie wird sich auch längerhin in gutem Schlusse erhalten *).

Die Weymouthskiefer (P. Strobus) bereichert durch ihre grose Nadelnmasse den Boden viel mehr mit Humus, als die gemeine Kiefer und vielleicht alle übrigen Holzarten. Die Stämme bleiben ziemlich tief herab beastet und wachsen auch in freier Stellung gerade auf und zu ansehnlicher Höhe. Wäre nur ihr Holz werthvoller und sie selbst in ihren Ansprüchen auf Standortsgüte genügsamer! — Ueber das Verhalten der äuserst schnellwüchsigen Seekiefer, P. maritima *Lam.*, (welche übrigens nur in milden, vor Spätfrösten gesicherten, sandigen Niederungen von Süddeutschland gedeihliches Fortkommen versprechen dürfte), so wie über das Verhalten der Zürbelkiefer P. Cembra (von welcher sich aber selbst in den süddeutschen Hochalpen kein geschlossener Bestand vorfinden wird) kann sich der Herausgeber wegen Mangels zureichender eigener Erfahrung kein selbstständiges Urtheil erlauben.

Die Lärche wirkt, zumal in tieferen Regionen und in etwas vorgerücktem Bestandsalter, unter allen Nadelhölzern am wenigsten günstig auf die Bodenkraft ein. Diese wird nur von jungen Beständen merklich erhöht durch den Nadelnabfall, welcher ungeachtet der Kleinheit der Nadeln keineswegs unbeträchtlich ist, weil die Lärche jährlich ihre sämtlichen Nadeln abwirft und die Wiederbelaubung nicht blos an den letzten Trieben, sondern auch an den älteren Zweigen und Aesten, sogar am Schafte hin erfolgt. Und

---

*) In hiesiger Gegend fand Herausg. die Larven der Kiefernblattwespen (Lophyrus pini *Latr.*, L. pallidus *Klug.* u Lyda pratensis *Fabr.*) eben so häufig an der Schwarz-, wie an der gemeinen Kiefer; Haasen lieben die Schwarzkiefernnadeln sehr.

obschon die Nadeln der Lärche schneller verwesen, als die der übrigen Nadelhölzer, so halten sie doch in dieser Bestandsaltersperiode den Unkräuterwuchs noch zurück. Es währt dieß aber nicht lange, weil die sehr raschwüchsige Lärche noch frühzeitiger und noch mehr zur Auslichtung sich neigt und ihr wegen lichter Aststellung und dürftiger Verzweigung sehr lockerer Baumschlag dem Sonnenlicht ziemlich freien Durchgang zum Boden gestattet. *) Letzter bekleidet sich darum auch selten mit einem dichtgeschlossenen Moosteppiche, sondern häufig mit einer Grasnarbe, und es liefern darum reine Lärchenbestände eine bessere Viehwaide, als die anderen Nadelhölzer. **) So erklärt es sich denn auch, warum unsere Lärchenbestände so frühzeitig in ihren höchsten Durchschnittzuwachs eintreten und ihn so bald wieder verlieren, und warum hohe Umtriebe bei dieser Holzart sich durchaus nicht empfehlen. — Frei erwachsene Lärchen büsen verhältnismäsig weniger an Langschaf-

*) Die schwache Verzweigung der Lärche beruht nicht sowohl in dem Mangel an Knospen, als vielmehr darin, daß ein großer Theil der zahlreichen Seitenknospen gar nicht zur Entwicklung von Trieben gelangt, sondern nur jährlich Nadeln produzirt, welche in Folge starker Verkürzung der unentwickelt gebliebenen Schaftaxe, um welche jene sitzen, eine scheinbar büschelförmige Stellung erhalten. Daß die Lärche wirklich einzeln gestellte Blätter (folia solitaria) und nicht büschelförmige (f. fasciculata) hat, ergibt sich unverkennbar aus der Nadelstellung an den völlig entwickelten 1jährigen Trieben.

**) Wenn man unter älteren Lärchenbeständen in den Alpen der Schweiz ꝛc eine starke Moosdecke gewahrt, so darf man nicht übersehen, daß in diesen Hochlagen ein solcher Moosüberzug auch häufig auf ganz holzleeren Stellen sich vorfindet; und sein Erscheinen läßt sich deßhalb nicht allein auf Rechnung der Lärche setzen. — Ueberhaupt zeigt diese Holzart in ihrer eigentlichen Heimath ganz andere Wachsthumsverhältnisse, wie in unseren Niederungen und Mittelgebirgen Während dort die Lärche Jahrhunderte lang kraftvoll ausdauert, eine riesenhafte Höhe und Stärke erlangt und — selbst auf sehr kräftigen Standorten — ein feinjähriges, dichtes, hartes, schweres und überaus dauerhaftes Holz bildet, wird ihr Wachsthum durch unsere weit längeren und wärmeren Sommer allzusehr beschleunigt, gleichsam übereilt und ihr Lebenscyklus merklich abgekürzt, wiewohl auf Kosten der Holzgüte.

tigkeit ein, als gemeine Kiefern, stehen aber an Geradschaftigkeit den Fichten, Tannen und Weymouthskiefern nach.

§. 2. — Vortheile der Bestandsmischungen.

Je nachdem die Mischung einer Holzart unter eine andere für die ganze Dauer der Bestandsumtriebszeit, oder nur für einen Abschnitt derselben währen soll oder kann, lassen sich die Mischungen in dauernde (bleibende) und in vorübergehende (transitorische) abtheilen. Letzte finden entweder in der ersten Hälfte der Umtriebszeit statt, wie z. B. wenn in Buchen- oder Eichenbeständen eingenistete weiche Hölzer vorkommen; oder in der letzten Hälfte, wenn man nämlich in einen reinen Bestand von einer Holzart, welche zur reinen Anzucht nicht taugt, späterhin zum Schutze des Bodens eine hierzu geeignete andere Holzart einsprengt, um den Hauptbestand bis zu seinem Abtriebe hin in gutem Zuwachse zu erhalten.

Die wesenlichsten Vorzüge der Mischbestände vor reinen möchten folgende sein:

1) **die Möglichkeit einer thunlichst allgemeinen Verbreitung der nützlichsten Holzarten zur nachhaltigen Nutzung.** — Aus der langen Reihe derjenigen Holzarten, welche ihrer anerkannten allseitigen Nutzbarkeit halber einen recht ausgebreiteten Anbau wünschenswerth machen, suchen wir die grössere Mehrzahl vergeblich in unseren Wäldern oder finden sie darin doch nicht in zureichender Menge und noch seltener in einer zur ununterbrochen-nachhaltigen Abgabe erforderlichen Altersstufenfolge. Mit Recht haben wir das als einen empfindlichen Nationalverlust zu beklagen! — Eine Menge nützlicher Gewerbe, welche ihren Roh- und Hilfstoff allein aus Wäldern beziehen können, bleiben deshalb unbetrieben oder gelangen doch nicht zu einer kräftigen Entwickelung; noch müssen wir gar mancherlei Produkte dieser Industriezweige von auswärts her beziehen, während wir sie in einer nicht blos dem eigenen Bedarf genügenden, sondern

sogar zur Ausfuhr hinreichenden Quantität selbst erzeugen könnten. Jetzt, wo durch die weise Fürsorge unserer Regierungen die deutsche Industrie täglich mehr an innerer Selbstständigkeit und äuserer Entfaltung gewinnt, den zahlreichen müsigen Händen, welche die unaufhaltsam anschwellende Population immer mehr vervielfältigt, reichlichere Beschäftigung bietet und im lebhaften Verkehr mit dem Auslande unseren materiellen Wohlstand sichtlich fördert — jetzt ist es gewiß hoch an der Zeit, daß auch der vaterländische Forstwirth das ihm anvertraute wichtige Gebiet der Urproduktion, die Wälder, für jene Quelle der allgemeinen Wohlfahrt möglichst und nachhaltig ergiebig zu machen sich bestrebt. Seine Aufgabe beschränkt sich nicht mehr auf die blose kunstgerechte Nutzung und Verjüngung der zufällig aus der Vorzeit ererbten Holzbestände, oder auf die Kultur vorhandener Blösen mit der ersten besten Holzart, bei deren Auswahl gar oft keine bessere Rücksicht leitet, als die Bequemlichkeit oder Wohlfeilheit des Anbaues; seine Verpflichtung endet nicht mehr mit der blosen Sorge für den Lokalbedarf an gemeinem Brennholz und den gewöhnlichen Nutzholzsortimenten — sie erstreckt sich viel weiter und zugleich auf die nachhaltig-zulängliche Erzeugung aller der Waldprodukte, insbesondere derjenigen Holzarten, welche dem vaterländischen Gewerbfleise neue Nahrung und Kräftigung versprechen. Nur erst dann, wenn er diese höhere und schwierigere Aufgabe gehörig zu erfassen und zu erfüllen, wenn er seine Wälder nicht blos dem einseitigen Interesse einzeler Konsumtionzweige, sondern dem allseitigen nationalen Interesse möglichst dienstbar zu machen und zu erhalten versteht — nur erst dann wird er die wichtige und ehrenvolle Stelle ganz einnehmen und behaupten, zu welcher ihn die Nationalwohlfahrt berufen hat.

Nie aber vermag er dieser weiteren, ja nicht einmal jener beschränkteren, Anforderung gehörig zu genügen, so lange die An- und Nachzucht reiner Bestände, zumal beim Hochwaldbetriebe, noch als Regel festgehalten wird. Denn eben so lange muß ein sehr groser Theil unserer nützlichsten Baumhölzer mehr oder weniger aus unseren Wäldern verbannt bleiben. Und dies Loos würde nicht blos die lange Reihe derjenigen Holzarten treffen, welche für sich allein nicht zur vollständigen Ausbildung gelangen und die Bodenkraft nicht zu schützen vermögen, sondern auch die übrigen überall da, wo ein mäsiger Waldumfang nicht wohl gestattet, mehre Holzarten neben einander anzubauen. Wenn, wie so häufig, ein Waldbesitz kaum einige 100 Morgen und noch weniger umfaßt, und mit höherer Umtriebszeit behandelt wird, so lassen sich darin nicht 4, 6 oder gar mehr Holzarten, flächenweise von einander gesondert und in regelmäsiger Altersabstufung, zugleich anziehen, weil hierbei die vortheilhafte Gröse der Einzelschläge nothwendig beeinträchtigt werden müßte. Und dieser Mißstand ist auch bei gröserem Waldumfange für solche Nutzholzarten unvermeidlich, von welchen ein sehr ausgedehnter Absatz mit Vortheil nicht in Aussicht steht, obschon ihr Absatz im Kleinen beträchtlichen Gewinn versprechen kann. Nur allein durch zweckmäsige Bestandsmischungen sind diese Hindernisse und sehr leicht zu beseitigen, weil in ihnen ohne alle Gefährdung der vortheilhaften Schlaggröse die gröste Holzartenmenge in regelmäsiger Altersfolge nachhaltig sich anziehen läßt. Es müßten aber, zur vollständigen Zweckserreichung, dergleichen Mischbestände nicht, wie so häufig geschieht, nur ausnahmweise und mehr zufällig gegründet, sondern ihre Anlage zur Regel erhoben und dabei planmäsig verfahren werden. Denn damit — wenn hin-und wieder ein Forstbeamter einzele Holzarten in Verjüngungschläge mehr versuchsweise oder nur als Lückenbüser oder weil er zufällig kein anderes Kulturmaterial zur Hand hat, einsprengt, während späterhin er selbst oder sein Nachfolger diese Untermischungen nicht weiter fortsetzt und auf andere Schläge ausdehnt — ist für die Gewerbsthätigkeit wenig gewonnen, weil diese nur in der sicheren Aussicht auf genügenden und nachhaltigen Fortbezug des nöthigen Rohstoffs eine Hauptstütze finden kann.

Daß auch durch Mischbestände die raschere Verbreitung solcher Holzarten, deren Same kostspielig und in gröserer Menge nicht zu haben ist, mehr gefördert werde, als durch reine, weil in diesen die gröfere Zahl Stämme und bevor sie volle Nutzbarkeit erlangt haben, den Durchforstungen anheim fällt, soll hier nur beiläufig bemerkt werden.

2) Eine gröfere Holzmasseproduktion, welche zweckmäsige Bestandsmischungen vor reinen Beständen liefern. —

Vornweg müssen alle von Natur nicht rein gesellige Holzarten in Untermischung mit einer den Boden schützenden und bessernden Holzart an Zuwachs gewinnen; und dieser Gewinn erstreckt sich nicht blos auf eine Umtriebszeit, sondern auch noch weiter hinaus, weil einer Boden-Ausmagerung und Verwilderung vorgebeugt und damit zugleich die natürliche Wiederverjüngung gesichert wird. Die etwaige Besorgnis, daß die Zuwachsmehrung an der eingesprengten Holzart durch gleichzeitigen Zuwachsverlust an der vorherrschenden Holzart wieder aufgewogen werden könne, hat sich den Fällen, wenn die untergeordnete Holzart nicht zu stark und insbesondere nicht horstweise rein untermischt war, nicht thatsächlich bestätigt. In 40—80jährigen Rothbuchenbeständen, welche so reichlich mit gleichaltrigen weichen Hölzern (Aspen, Birken, Kiefern, Saalweiden) durchsprengt waren, daß bei dem allmählichen Aushieb dieser Hölzer mitunter 1300 Hess. Kbfs. pro Hess. Morgen (671 Kbfs. pro Preuss. Morgen) erzielt wurden, konnte der Herausgeber keinen merklichen Zuwachsverlust am Hauptbestande bei den mit aller Genauigkeit bewerkstelligten Masseaufnahmen entdecken, welche er auf diesen Stellen und vergleichungweise auf solchen Stellen desselben Bestands, worin die weichen Hölzer zufällig ganz fehlten oder doch nur in unbedeutender Menge vorhanden waren, für jenen Zweck vornahm. Dieselben Resultate erhielt er in mit Ahornen, Eschen und Eichen licht durchsprengten Rothbuchenbeständen von demselben und noch höherem Alter.

Aber sogar die von Natur rein geselligen Holzarten erlangen in (sonst passenden) Mischungen unter sich einen gröseren Massezuwachs, welcher am augenfälligsten in Mischbeständen aus Laub- und Nadelholz und hier wieder vorzugweise bei letztem hervortrit. Die diese Massemehrung veranlassenden Ursachen sind noch nicht genau ergründet. Nur so viel dürfte auser Zweifel liegen, daß sie nicht in der Verschiedenheit der Wurzelbildung beider Holzgattungen zu suchen seien, wie man wohl früher annahm und darum auch rieth, die Mischbestände aus Holzarten theils von tiefgehender, theils von flacher Wurzelstruktur zusammen zu setzen. Vielmehr dürften jene Ursachen zunächst beruhen in der Verschiedenheit der Nahrungstoffe, welche beide Holzgattungen aus dem Boden aufnehmen. Beide zeigen eine abweichende Zusammensetzung in ihren Aschen- und Saftbeständen, wahrscheinlich auch in ihren Wurzelnexkretionen, deren nachtheilige Rückwirkung auf die sie ausscheidende Holzart durch die beigesellte andere Holzart neutralisirt werden möchte. Der besonders vorwiegende Massezuwachs des Nadelholzes zwischen Laubholz rührt wohl auch mit davon her, daß den vorragenden Kronen der schnellwüchsigeren Nadelhölzer mehr Sonnenlicht, Thau 2c zu Theil wird. Gewiß ist es aber, daß der von Laubholz erzeugte Humus an und für sich schon die Entwicklung des Nadelholzes sehr augenfällig beschleunigt, und umgekehrt, wie man bei der Umwandlung der einen Holzgattung in die andere recht deutlich gewahrt. So bilden auf Buchenkahlschlägen angesäete Kiefern häufig schon im ersten Sommer Seitentriebe und erreichen eine Höhe, wie auf sonst gleichen anderen Standorten erst in einigen Jahren; ihr kräftigerer Wuchs erstreckt sich aber noch weiterhin — auf die nächstfolgenden Jahre. Selbst wenn der mit Laubholz bestandene Boden durch anhaltendes Streusammeln bis zur Gipfeldürre und Abständigkeit des Bestands geschwächt worden war, zeigt dennoch das auf solchem scheinbar gänzlich entnervten Boden künstlich angebaute Nadelholz meist noch besseres Gedeihen, als das in natürlich verjüngten Nadelbeständen auf kraftvollem Boden erzeugte. — Nicht weniger auffallend ist der wohlthätige Einflus, welchen andererseite Nadelbestände, besonders von Kiefern oder Lärchen, auf die kräftigere Entfaltung der zwischen, unter und nach ihnen angezogenen meisten Laubhölzer äusern. Der Herausgeber hatte vollauf Gelegenheit, ihn und zwar auf ausgedehnten Flächen und unter sehr abweichenden Lokalverhältnissen, theils an natürlichen, theils an künstlichen Bestandsumwandlungen kennen zu lernen. Gleich ihm werden sicher viele seiner Fachgenossen beobachtet haben, wie leicht sich Kiefernbestände — zumal auf frischen und kräftigen Standorten, wie Kalk, Basalt ꝛc — in Laubhölzer ganz von selbst umwandeln, wenn in sie der Samen aus angränzenden mannbaren Laubbeständen durch Winde, Vögel ꝛc getragen wird, und daß das so eingebrachte Laubholz schon von vornherein durch üppiges Wachsthum sich auszeichnet. Auf diese Weise gehen z. B. in dem benachbarten Vogelsgebirge (Basalt und Dolerit) die zwischen Laubbeständen künstlich angebauten reinen Kiefern- (und Lärchen-) Holzungen allmählig in Rothbuchen- und andere Laubbestände über und man findet meist schon in den kaum zum erstenmale durchforsteten Stangenhölzern einen aus allerlei Laubholz bestehenden Unterwuchs, welcher zwischen den Kiefern ꝛc freudig emporwächst und sich leicht durch allmähligen vorsichtigen Aushieb des Nadelholzes rein erhalten läßt. Häufig erzielt man da auch diese Bestandsumwandlung künstlich in der Art, daß man in den dazu bestimmten Nadelbeständen Laubholzsamen (Rothbuchen, Eichen, Ahorne, Eschen ꝛc) seicht unterhackt und späterhin den Nadeloberstand nach und nach abtreibt. Auch der Herausgeber hat dort vor mehr als 20 Jahren solche Umwandlungen auf beträchtlichen Flächen mit dem schönsten Erfolge vorgenommen. Nicht selten sah er die Rothbuchen-Sämlinge unter Kiefern und Lärchen schon im ersten Sommer 10 — 12 Zolle in die Länge und ebenso viele Blätter treiben, während gleichzeitig der Samenaufschlag in angränzenden Buchen-Verjüngungschlägen nur 2 — 3 Zoll Höhe und 4 Blätter entwickelte. Der üppige Wuchs dauerte dort gleichmäsig in den folgenden Jahren fort und vorzugweise bis zum völligen Aushiebe des Kiefernoberstands. Am kräftigsten entwickelte sich das Laubholz in mittelwüchsigen (40—60jährigen) gut geschlossenen Kiefernbeständen, schon etwas weniger in älteren.

Da es noch an genaueren Angaben der an solchen umgewandelten Laubbeständen erfolgenden Zuwachssteigerung fehlt, so dürften die nachfolgenden Ergebnisse einer desfallsigen Untersuchung vielleicht eine günstige Aufnahme finden.

Im Gr. Hess. Forstreviere **Grünberg**, 3 bis 4 Stunden von Giesen, befand sich ein 24½ Morgen groser reiner Kiefernbestand, welcher 1742 wahrscheinlich durch künstliche Ansaat auf einer Waidfläche begründet worden war. Die Lage ist 10—1100 pariser Fuß über der Meeresfläche, auf dem ausgedehnten Rücken eines frei gelegenen und mit Laubholz bestandenen Höhenzugs; das Grundgebirg Basalt; der Boden ein tiefgründiger, steinfreier, gebundener, etwas eisenschüssiger, frischer Lehm. Bei einer im Jahr 1823 (also im 81jährigen Alter des Bestands) auf einer Probefläche von 4 Hess. Morgen — woselbst der Bestand noch so vollkommen geschlossen war, als es in diesem Alter die Kiefer zu sein pflegt, — vom Herausgeber vorgenommenen genauen Masseaufnahme ergaben sich folgende Resultate für **einen** Morgen; die Zahlen in der oberen Zeile betreffen Gr. **Hessisches**, die in der unteren K. **Preussisches** Maas.

Stzahl.	Kreisfläche in 5′ Bodenhöhe.		1 Stammes		Jährl. durchschnittl. Zuwachs, excl. Zwischennutzungen, an				
	aller Stämme	1 Stammes	Umfang Zolle	Totalh. Fus	Scheidh. Kbfs.	Prügelh. Kbfs.	Stockh. Kbfs.	Reish. Kbfs.	zusammen Kbfs.
138	189□′	1.37□′	41.7	92	90.2	1.5	12	7.3	111
142	122.5	0.86	33.0	73	46.5	0.8	6.2	3.8	57.3.

Der Bestand, welcher von Streurechen und Hute verschont geblieben, hatte damal an seinem höchsten Durchschnittzuwachs schon merklich verloren; in 40—50jährigen Kiefernbeständen auf gleichen Standorten fand Herausgeber einen durchschnittlich jährlichen Zuwachs (excl. Zwischennutzung) an reiner Schaft- (Scheid-

und Prügelholz) Masse von 100—110 Kbfs. pro Hess. Morgen (51—57 preuss. Kbfs.), mithin 10—20 Prozent mehr. — Der nunmehr verstorbene Gr. Hess. Revierförster Weitershausen wandelte den freien Bestand auf 2mal in Laubholz um, die eine Hälfte in 1811, als die Kiefern 69 Jahr alt waren, in reine Stieleichen, die andere Hälfte 7 Jahre später (1818) in eine nächst gleichstarke Mischung von Rothbuchen und Eichen. Die Eicheln und Bucheln wurden breitwürfig auf die Moosdecke ausgesäet und dann der Boden durchgängig seicht umgehackt, ohne daß vorher eine besondere Auslichtung des Bestands stattgefunden hatte. Der allmählige Aushieb der Kiefern (durch Umroden) mußte auf 15 und mehr Jahre darum ausgedehnt werden, weil auf sie allein die Abgabe an stärkerem Nadelnutzholz für die Umgegend beschränkt war; doch wurde dabei mit möglichster Vorsicht verfahren, wiewohl bei den späteren Aushieben eine Beschädigung des Unterwuchses gar nicht zu vermeiden war. Trotzdem und ungeachtet die zweite Kultur 1822 durch Mäusefras stark gelitten hatte und beide Laubbestände von 2 Seiten her der freien Einwirkung der Winde blosgestellt waren, wuchsen dieselben dennoch unter den Kiefern sehr kräftig empor, so daß schon vom 20ten Jahre an eine leichte Durchforstung in ihnen ganz gut möglich gewesen wäre. Diese wurde aber bis zu diesem Herbste (1843) verschoben, nachdem 1 Jahr zuvor der Aushieb des sehr reichlich angeflogenen weichen Holzes (Birken, Aspen, Weiden) vorgenommen worden war. Hr. Revierförster Hoffmann zu Grünberg hatte die Güte, in jedem der beiden Beständen, nach beendigter Durchforstung derselben, auf morgengrosen Probeflächen eine genaue Untersuchung der Bestandsmassen rc vorzunehmen und dem Herausgeber die nachfolgenden Resultate mitzutheilen. Die zahlreichen Probestämme wurden nach der mittlen Schaftquerfläche ausgewählt und die 5′ langen Schaftstücke bis zu Prügelholzstärke (2 Zollen Durchmesser) herab scharf vermessen, und zugleich gewogen, um das ermittelte Durchschnittgewicht bei der Bestimmung des Massegehalts von dem ebenfalls gewogenen noch schwächeren Reisholze zu Grunde zu legen. Die Zahlen unter a bezeichnen die prädom. Stämmezahl pro Morgen; die unter b die Kreisflächensumme aller Stämme in 5 Fuß Bodenhöhe in □Fus; die unter c die Kreisfläche des mittlen Modellstämmchen; die unter d den dieser Querfläche entsprechenden Umfang in Zollen; die unter e die ganze Stammlänge in Fusen; die unter f bis h den durchschnittlichen jährlichen Zuwachs pro Morgen, und zwar unter f an Prügelholz, unter g an Reisholz und unter h die Summe von beiden.

I. 32jährige reine Eichen.

Grosh. Hess. Maas.

a	b	c	d	e	f	g	h
1651	86.4	0.0523	8.1	34	39.9	17.0	56.9.

Königl. Preuss. Maas.

a	b	c	d	e	f	g	h
1684	55.0	0.0331	7.9	27	20.6	8.8	29.3.

II. 25jährige Rothbuchen mit Eichen gemischt.

Gr. Hess. Maas.

	a	b	c	d	e	f	g	h
Buchen	1523	41.4	0.0271	5.8	28.8	9.32	19.61	28.93
Eichen	1463	53.0	0.0362	6.7	29.7	16.24	19.43	35.67
	2986	94.4	0.0316	6.3	29.2	25.56	39.04	64.60.

K. Preuss. Maas.

	a	b	c	d	e	f	g	h
Buchen	1553	26.8	0.0172	5.7	23.0	4.8	10.1	14.93
Eichen	1492	34.2	0.0229	6.5	23,7	8.4	10.0	18.40
	3045	61.0	0.0220	6.4	23.3	13.2	20.1	33.33.

Zieht man zu vorstehenden Durchschnitt-Erträgen unter h noch den jährlichen Durchschnittertrag von der ersten Durchforstung und Ausjätung, welcher in jeden der beiden Beständen 16 Hess. Kbfs (8.3 Preuss. Kbfs) pro Morgen betrug, so berechnet sich der gesammte jährliche durchschnittliche Zuwachs pro Morgen im Bestand I auf 72.9 Kbfs (37.6 Preuss.) und im Bestand II auf 80.6 Kbfs (41.6 Preuss.). — Kaum so hohe Durchschnitterträge, wie die obigen, fand der Herausgeber in viel älteren, 70—90jährigen, gut geschlossenen und behandelten, aus natürlicher Nachzucht entstandenen theils reinen theils gemischten Buchen- und Eichenbeständen, welche er in nicht geringer Zahl auf gleichen Standorten jenes Reviers vor 20 Jahren mit aller Sorgfalt untersuchte; nur waren bei ihnen, wie sich von selbst versteht, die Massen nach anderen Sortimentverhältnissen zusammengesetzt. Wohl aber wiesen mit obigen gleichaltrige Bestände merklich geringere Durchschnitterträge aus. Ganz augenscheinlich rührt daher die Zuwachssteigerung in beiden obigen Beständen von dem Einflusse des Kiefernbestands her, dem sie nachfolgten und in dessen Gesellschaft sie geraume Zeit emporwuchsen. Die Richtigkeit dieser Unterstellung kann man um so weniger in Zweifel ziehen, wenn man die aus den 1811er und 1823er Masten natürlich nachgezogenen Buchenbestände vergleichungweise ins Auge faßt, welche sich nahe bei jenen beiden Beständen und auf gleichen, mitunter sogar günstigeren, Standorten vorfinden. Die von 1811 herstammenden stehen jenen wohl um $1/3$ bis $2/5$ an Höhe, Stärke und Massegehalt nach.

Besondere Beachtung spricht der geringere Zuwachs an Durchschnitthöhe und Masse des reinen Eichenbestands unter I im Verhältnis zu dem Bestande II an, obschon bei beiden die örtlichen Verhältnisse ganz dieselben sind. Daß die Ursache nicht in dem langsameren Wuchse der Eiche an sich im Vergleiche zu dem der Rothbuche liege, erhellt daraus, daß die im Bestande II vorfindlichen Eichen die gleichaltrigen Rothbuchen an Höhe und Stärke überflügelt haben. Der Grund liegt offenbar in dem geringeren Bodenverbesserungvermögen der Eiche und wirklich zeigt sich selbst in diesem noch so jugendlichen Bestande I, trotz seiner reichen Stammzahl, nur eine schwache Laub- und Humusschichte und schon eine vorwiegende Neigung zum Graswuchse, während der Boden in II eine viel stärkere Laub- und Humusdecke und durchaus keine Spur von Graswuchs erkennen läßt.

Wenn aber nun schon eine nur so kurz andauernde Mischung von altem Nadel- und ganz jungem Laubholz eine so beträchtliche raschere Entwickelung des Laubbestands veranlaßt, so läßt sich mit allem Grunde annehmen, daß in bleibenden und mehr gleichaltrigen Mischungen von beiden Holzgattungen die Zuwachssteigerung noch viel stärker ausfallen müsse, weil dann die günstige Wirkung beider Hölzer aufeinander durch die ganze Umtriebszeit hin ununterbrochen fortdauert. Erwägt man weiter, daß in dergleichen Mischbeständen das Nadelholz noch mehr an Zuwachs gewinnt, als das Laubholz, so wird man es nicht für übersetzt finden, wenn wir den Gesamtgewinn an Massezuwachs in bleibenden und sonst passenden Mischungen der Art geringstens auf 25—30 Prozent desjenigen Ertrags anschlagen, welche beide Holzgattungen von einander abgesondert auf verschiedenen Flächen versprechen. Und dieser Gewinn ist wohl schon an sich (und ganz abgesehen von den anderweiten aus derartigen Mischbeständen hervorgehenden Vortheilen) bedeutend genug, um ihm die volle Aufmerksamkeit der Forst- und Staatsbehörden zuzuwenden und die hier und da schroff hervortretende einseitige Vorliebe für reine Bestände gebührend in den Hintergrund treten zu lassen *).

3) Verminderung der Betriebsklassen.

Wir haben oben (Zif. 1, S. 34) nachgewiesen, daß in

*) Ganz unberechenbaren Schaden muß eine derartige einseitige Liebhaberei offenbar dann gebähren, wenn sie sich bei dirigirenden Forstbehörden einnistet, welche sie zur ausschlieslichen Wirthschaftnorm durch ganze Länder hin erheben und dabei so weit gehen, jede Mischungvornahme von Laub- und Nadelholz als unvereinbarlich mit dem „jetzigen Stande der Waldbaulehre" (sic), ja als Beweis eines „nachlässig und kenntnislos geführten Wirthschaftbetriebs" zu erklären und allgemein zu untersagen.

kleineren Hochwäldern die Möglichkeit einer gleichzeitigen Anzucht mehrer Holzarten in reinen Beständen, unter der Bedingung eines nachhaltig jährlichen Nutzungbezugs von jeder Holzart, schon an der Rücksicht auf vortheilhafte Gröse der Schläge scheitern müsse; daß derselbe Mißstand ganz allgemein bei solchen Nutzholzarten eintrete, von welchen sich nur geringe Holzquantitäten mit Vortheil jährlich absetzen lassen; und daß beide Hindernisse einzig und allein durch Mischbestände zu beseitigen seien. Wir wollen nun eine mit vorstehender nahe verwandte, sehr beachtenswerthe, wiewohl bis jetzt ganz übersehene, Lichtseite der Mischbestände hervorheben — die, daß durch sie die so überaus lästige Menge der Betriebsklassen wesenlich beschränkt, somit die Wirthschaftführung merklich vereinfacht und erleichtert und zugleich die Einhaltung eines strengen jährlichen Nachhaltbetriebs bei allen Holzarten sehr gefördert werde.

Soll eine mit Schlagwirthschaft behandelte Waldung alljährlich gleich viel Holz jeder vorkommenden Art und von den als die vortheilhaftesten erkannten Haubarkeitaltern liefern, so läßt sich diese Bedingung nur allein dann erfüllen, wenn für jede verschiedene Umtriebszeit, ebenso für jede bestandsweise rein vorkommende Holzart, eine selbstständige ununterbrochene Schlagreihe und Holzalterstufenfolge (von den jüngsten bis zu den betreffenden Abtriebs-Altern hin) und zwar mit gleichem Ertragsvermögen der Einzelschläge, vorhanden ist oder fehlenden Falls hergestellt wird. Denn die Zusammenfassung von Beständen mit abweichenden normalen Umtriebszeiten in eine Schlagordnung (Betriebsklasse) macht die Einhaltung dieser festgesetzten Umtriebszeiten auf die Dauer völlig unmöglich; und ebenso wenig läßt sich von einer in reinen Beständen vorhandenen Holzart eine jährliche Holzernte von dem normalen Abtriebsalter erzielen, wenn nicht auch für sie eine eigene Betriebsklasse eingerichtet ist. Das Berufen darauf: daß eine derartige strenge Klasseneinrichtung fast nirgends bestehe oder beabsichtigt, ja von der Mehrzahl der Schriftsteller (namentlich von den Fachwerkern) nicht einmal für nöthig oder nur für nützlich erkannt werde — ändert in der Hauptsache nicht das Mindeste; es gehört vielmehr nur sehr weniges Nachdenken dazu, um sich von der mathematischen Richtigkeit obiger Bedingungen zu überzeugen und somit auch zu der Einsicht zu gelangen, daß so lange, als man die Erfüllung dieser Anforderungen noch vernachlässige, alle auf die Ergründung der vortheilhaftesten lokalen Abtriebsalter verwandte Mühe und Zeit rein vergeudet sei, und die aufs Gerathewohl hin an die Lokalforstbeamten erlassenen Befehle zur pünktlichen Einhaltung der ein für allemal festgesetzten Abtriebsalter und eines aus den wichtigeren Holzarten zusammengesetzten gleichen jährlichen Abgabesatzes bei dem besten Willen darum unbefolgt bleiben müssen, weil sie an sich unausführbar sind und nur die Fach- und Sachunkenntnis der Befehlshaber belegen. — Für eine jede der, wenn schon in einem und demselben Waldbesitze vorkommenden, Betr. Klassen muß aber in der Regel ganz dieselbe Selbstständigkeit erstrebt werden, wie wenn jede Klasse eine besondere Wirthschafteinheit bildete, d. h. jede einem anderen Besitzer angehörte *).

Bildet nun aber schon in dem günstigsten Falle: daß ein Wirthschaftbezirk (Revier, Forst) die Waldung nur eines Besitzers umfaßte, darin nur eine Holzart vorkäme und diese wieder nur mit gleicher Betriebsart und Umtriebszeit behandelt würde — eine streng nachhaltig-jährliche Betriebsführung eine schwierige Aufgabe, zumal wenn Hochwaldbetrieb mit hohem (eine lange Reihe von Schlägen erfordernden) Umtriebe eingeführt und zugleich der Waldnormalzustand noch nicht vorhanden, sondern, wie in der Regel, erst zu erstreben ist; — vervielfältigt sich diese Schwierigkeit mit der Einrichtung mehrer, durch verschiedene Betriebs-

*) Eine weitere Ausführung dieser Materie findet sich in des Herausgebers „Waldertrags-Regelung, Giesen, 1841."

arten oder Standortsgüten hervorgerufener, Umtriebszeiten, und noch weiter, wenn, wie häufig der Fall, der Wirthschaftbezirk aus ein Paar Dutzenden Waldungen verschiedener Besitzer zusammengesetzt ist — so würde sie erst vollends ihren Kulminationpunkt erreichen, wenn die schon kaum übersehbare Reihe der Klassen und Schläge nochmal durch verschiedene Holzarten multiplizirt werden müßte. Soll hierunter die Wirthschaftführung selbst nicht Noth leiden, so wird eine Verkleinerung der Verwaltungbezirke und somit ein gröserer Aufwand an Administrationkosten unvermeidlich.

Zur Verminderung der beschwerlichen Klassenmenge ohne gleichzeitige Beschränkung in der Zahl der anbauwerthen Holzarten bietet sich kein wirksameres Mittel dar, als passende Bestandsmischungen, da zumal durch diese auch gar manche Abweichungen in den vortheilhaften Abtriebsaltern, welche bei reinen Beständen eine Vervielfältigung der Klassen veranlassen, ohne sonstigen Nachtheil sich ausgleichen lassen. So wären z. B. in einer mit 100jähr. Umtriebe behandelten und theils mit Rothbuchen, theils mit Fichten rein bestandenen Hochwaldung zwei Klassen mit regelmäsigen Schlagreihen dann nöthig, wenn alljährlich nachhaltig eine Nutzung von jeder der beiden Holzarten und wieder vom normalen Abtriebsalter verlangt wird; dagegen nur eine Klasse, wenn man die Fichte in Untermischung mit der Rothbuche an- und nachzöge. Diese eine Klasse würde auch für den gleichzeitigen Anbau mehrer Nadelholzarten und selbst dann zureichen, wenn die normale Umtriebszeit des Nadelholzes merklich höher, auf 120—130 Jahre, bestimmt gewesen wäre, weil die zwischen Rothbuchen einzeln aufwachsenden Nadelstämme in 100 Jahren wenigstens dieselbe Stärke erlangen, wie auf gleichen Standorten in reinen Beständen erst während 120—140 Jahren. Ebenso lassen sich in Buchenbeständen solche Laubhölzer, welche den Buchenturnus nicht aushalten, wie Maßholder, Elz-, Vogel- und Mehlbeerbäume, Birken, Pappeln rc, ganz gut anziehen, so bald man sie so vereinzelt einsprengt, daß ihr früherer Aushieb keine merkliche Unterbrechung des Bestandschlusses hinterläßt. — Mitunter ist auch durch Mischung der Holzarten eine willkommene Erhöhung des Bestandsturnus erzielbar. So kommen — um nur einen Fall der Art auszuheben — in gröseren gleichaltrigen reinen Buchendistrikten, deren durchschnittliche Bonität einen 110jährigen und höheren Umtrieb gestattet, gar häufig vereinzelte magere Stellen, wie trockene Sand- oder Steinhügel ꝛc, von geringer Ausdehnung vor, worauf die Buche schon früher, oft schon vom 80sten Jahre an, zopfdürr und abständig zu werden beginnt, und doch auf so kleinen und von hohem Holze umgebenen Flächen nicht mit gutem Erfolge sich dann schon verjüngen läßt. Dieser Mißstand würde auch bleiben, wenn man dergleichen Stellen mit der hier meist einträglicheren Kiefer rein bestellen wollte, weil diese Holzart in reinem Bestande ebenfalls keinen hohen Turnus aushält; wohl aber läßt sich oft durch eine gleichaltrige Mischung von beiden Holzarten, worin sie beide an Ausdauer merklich gewinnen, dem Uebelstande begegnen. — Darauf, wie zu frühzeitiger Auslichtung geneigte schon herangewachsene Baum- besonders Eichenbestände durch Einsprengung von bodenschützenden anderen Holzarten in gutem Zuwachse erhalten und einem höheren Turnus zugeführt werden können, werden wir weiter unten (§. 4. 3. 4) zurückkommen.

4) Allgemeinere und gleichmäsigere Vertheilung der verschiedenen Holzarten über die Waldflächen.

Die Vortheile dieser Vertheilung — bestehend in einem lukrativeren und den Empfängern bequemeren Holzabsatze, in der aus der gröseren Vereinfachung der Schläge folgenden leichteren Ueberwachung des Fällungvollzugs, bequemeren Beschützung, Aufnahme und Verwerthung der Holzernte, in der Ersparung an Schlagumfriedigungkosten ꝛc — sind zu allgemein bekannt, als daß sie einer weiteren Ausführung bedürften.

5) Vermehrter Schutz gegen mancherlei Gefahren, wie

a) gegen Sturmschäden, denen bekanntlich aus verschiedenartigen Beständen zusammengesetzte Waldungen und besonders dann unterworfen sind, wenn die, reine Bestände bildenden, Holzarten häufig und auf kleineren Flächen mit einander wechseln, weil dann der Wald an vielen Orten zugleich angehauen werden muß; und wenn die Holzarten in ihren Umtriebszeiten merklich von einander abweichen. Mischbestände gestatten wenigere und grösere Schläge und in ihnen bleiben die dem Windwurfe vorzugweise ausgesetzten flachwurzelnden Holzarten eher verschont, wenn sie zwischen tiefwurzelnden stehen, wie die Fichte zwischen der Tanne, die Buchen zwischen der Eiche ꝛc. Nadelhölzer, welche in reinen Beständen am meisten von Winden bedroht sind, halten sich viel besser bei vereinzelter Untermischung unter Laubholz, obschon dann ihre gewöhnlich beträchtlich vorgewachsenen Kronen dem Winde mehr blosgestellt sind — seie es, weil ihre theilweise unter denen des fester stehenden Laubholzes hinziehenden Wurzeln durch letztes mehr befestigt werden, oder weil sie sich in der freieren Stellung überhaupt fester bewurzeln, wie das ja auch bei den in Gärten und Feldern in ganz freiem Stande angezogenen Fichten ꝛc der Fall ist, welche trotzdem, daß der Boden im Bereiche ihrer Wurzeln alljährlich auf Spaten- oder Pflugtiefe gelockert wird, nur höchst selten dem Windwurfe unterliegen. Die Sturmschäden, welche das unter Laubholz eingesprengte Nadelholz treffen, beschränken sich meist auf einzele Stämme und arten fast nie in Windschläge aus. Auch sind solche Nadelstämme erfahrungmäsig weniger dem Schnee-, Duft- und Eisbrüchen exponirt.

b) Gegen Waldbrände. — Diese bedrohen am meisten die mit schwacher Reproduktionkraft begabten Nadelhölzer, jedoch nur vorzugweise in reinen Beständen, welche in der Jugend ihrer immergrünen, leicht brennbaren Nadeln halber von Gipfellauffeuern, späterhin in der entzündlichen Moosdecke von Bodenlauffeuern heimgesucht werden (während die Stammfeuer nur den Beständen gefährlich werden, welche in Folge unterlassener Durchforstung mit dürrem Holze angefüllt sind). Bei dem mit Laubholz gemischten Nadelholze ist die Gefahr geringer.

c) Gegen Spätfröste und Hitze. — Daß zärtliche Holzarten, wie Buchen, Eschen, Eichen, Edeltannen, Fichten 2c, im Freien unter dem Schutze einer beigesellten schnellwüchsigeren und dauerhaften Holzart sicherer und oft nur allein anzuziehen sind und daß zugleich fast alle anfangs langsam wüchsigen Holzarten in Gesellschaft einer schnellwüchsigeren rascher in die Höhe treiben, ist eine bekannte Erfahrungsache.

d) Gegen Insektenfras — welchem wieder die Nadelhölzer am meisten unterworfen sind, aber weit mehr in reinen, als in Mischbeständen mit vorherrschendem Laubholz — theils weil in letzten das Nadelholz sich kräftiger entwickelt, während fast alle schädlichen Nadelholzinsekten kümmerndes Holz vorziehen, überdieß bei dieser Nahrung sich am stärksten vermehren; theils weil im Laubholz mehr Insekten-verzehrende Thiere hausen, wie Vögel, Nagethiere, Raubinsekten 2c; theils weil die Falterraupen auf ihrer Bodenwanderung, welche sie bei vereinzeltem Stande des Nadelholzes zwischen Laubholz antreten müssen, um von einem Stamme zum anderen zu gelangen, eher ihren 4füsigen Feinden (Sauen, Füchsen, Igeln, Mäusen 2c) zur Beute werden; 2c.

e) Gegen Wild und Waidvieh. — Die von ihnen am liebsten angegangenen Holzarten sind bei vereinzelter Stellung zwischen anderen weniger von Verbeizung bedroht.

g) Gegen Krankheit, insbesondere gegen die verheerende Fichtentrocknis, von welcher das in Laubholz eingesprengte Nadelholz weit weniger heimgesucht wird und werden kann, weil diese Krankheit vorzüglich durch die Wurzelausleerungen der von ihr befallenen Stämme auf noch gesunde übergetragen zu werden scheint.

6) Aufschlüsse über die relative Tauglichkeit der verschiedenen Waldorte für die einzelen Holzarten.

Der jetzige Stand der Bodenkunde liefert hierfür keine sicheren und allgemein benutzbaren Anhaltpunkte. Wissen auch erfahrene Praktiker für einen gegebenen Standort eine Zahl Holzarten namhaft zu machen, welche auf ihm gedeihliches Fortkommen versprechen, so finden doch auch sie gar nicht selten in ihren Erwartungen sich betrogen, zumal bei Blösen und mit jüngerem Holze bedeckten Flächen; und noch weniger vermögen sie die künftigen Masseerträge der verschiedenen Holzarten und deren Ausdauer bei hochgestellten Umtrieben sicher voraus zu bestimmen und gegenseitig genau abzuwägen. In noch weit gröserer Ungewißheit hierüber schweben die jüngeren, in die Verwaltung kaum erst eingetretenen, Forstmänner. Die unausbleibliche Folge davon sind in der Wahl der einträglichsten Holzarten eine Menge Mißgriffe, deren langandauernde Nachwehen ebenso gut die Waldnutzung-Konsumenten, wie die Waldbesitzer zu verschmerzen haben. So lange man die Holzarten nur in reinen Beständen an- und nachzieht, wird es an einem sicheren und praktischen Maasstabe zu diesen wichtigen Abwägungen fehlen. Mischbestände dagegen sind vorzugweise, in vielen Fällen allein, geeignet, diese Ungewißheit, welche der Vervollkommnung des praktischen Forstbetriebs so hinderlich in den Weg trit, am schnellsten, vollständigsten und mit den geringsten Opfern an Zeit und Kosten zu lösen, während sie zugleich die Möglichkeit bieten, die erkannten Vorzüge der einen oder der anderen Holzart sich alsbald zu Nutze zu machen und den Folgen begangener Mißgriffe frühzeitig (bei Durchforstungen ꝛc) zu begegnen.

7) Vervielfältigung und Erhöhung der Waldnebennutzungen. —

In Folge einer allgemeineren Verbreitung der edleren Holzarten, wie sie Mischbestände allein möglich machen, müssen auch die von jenen abhängigen Nebennutzungen, wie Mast, Lohrinde, Pech und Theer ꝛc sich mehren. Die zur Mitanzucht von Getraide benutzten Eichenlohschlägen (Hackwäldern) liefern bei Untermischung der bodenbessernden Hasel ꝛc reichlicheren Körnerertrag und eine kräftigere Lohe. (Die dem Laubholze untermischten Nadelhölzer tragen dagegen zur Schmälerung der Waide bei).

8) Verschönerung und Veredlung der Länder. — Wenn es wahr ist, was man so oft behauptet hat, daß die natürliche äusere Gestaltung der Länder und die Art ihrer oberflächigen Bekleidung einen merklichen Einflus nicht blos auf die physische, sondern auch auf ästhetische, moralische und geistige Entwickelung ihrer Bewohner ausübe, so wird man auch unseren Wäldern und der Art ihrer Zusammensetzung einen erheblichen Antheil an dieser Wirkung einräumen müssen. Niemand wird aber wohl in der langweiligen und ermüdenden Einförmigkeit und Färbung ausgedehnter reiner Bestandsmassen das Ideal der Wälderschönheit finden wollen, als etwa das von der trügerischen Hoffnung einer höheren Produktion befangene und verwöhnte Auge schulgerechter Forstleute.

§. 3. — Hindernisse und Nachtheile der Mischbestände.

Nachdem wir in Vorstehendem die Mischbestände von ihrer Lichtseite betrachtet haben, fordert es die Unpartheilichkeit, sie auch von ihrer Schattenseite kennen zu lernen und die Einwürfe zu beleuchten, welche man gegen jene vorgebracht hat und noch vorbringen könnte. Die wesenlicheren möchten folgende sein:

1) Eine ganz allgemeine Einführung der Mischbestände scheitere schon an physischen Hindernissen.

Gegründet seien diese in dem abweichenden Verhalten der Holzarten: — theils zu den verschiedenen Standortsbeschaffenheiten; theils zu den einzelen Betriebsarten; theils auch gegen einander, die Holzarten, selbst. So würde es ein fruchtloses Bestreben sein, eine Holzart über ihre natürliche — durch besondere Beschaffenheit des Bodens und der Lage gesteckte — Vegetationgränze hinaus anziehen zu wollen, wie z. B. Buchen, Ahorne, Erlen 2c auf trockenen Sandsteppen, auf denen allein die genügsame Kiefer noch kümmerlich aushält; oder die Mehrzahl der Laubbaumhölzer in den Hochregionen, wo nur noch Nadelhölzer gedeihen. Diese letzte taugten wieder nicht für die Ausschlagholzbetriebe und vertrügen erfahrungmäsig nicht die bleibende Beimischung schnellwüchsigerer Holzarten.

Der Verfasser, die Triftigkeit dieser Einwürfe vollkommen anerkennend, ist auch weit davon entfernt, Bestandsmischungen jeder Art und überall anempfehlen zu wollen. Wo reine Bestände nur allein möglich sind, da müssen sie natürlich auch bleiben, und da, wo sie den höchsten Ertrag versprechen, soll man sie beibehalten. Damit ist aber die Vortheilhaftigkeit der Mischbestände in anderen Fällen keineswegs aufgehoben und diese Fälle dürften im Verhältnisse zum Gesamtareal unserer vaterländischen Wälder weit mehr als Regel, als wie als Ausnahmen erscheinen. Die Hochregion, welcher das Nadelholz mehr ausschlieslich angehört, nimmt nur einen kleinen Theil des deutschen Waldgebiets ein und auch dort bewährt sich die Mischung der Nadelhölzer unter sich, wie der Fichte mit der Tanne. Wo aber unsere edleren Laubbaumhölzer noch gutes Gedeihen und vortheilhaften Absatz finden, möchten Mischbestände mannigfacher, wiewohl keineswegs jeder, Art in der Regel den Vorzug verdienen. — Daraus, daß das Nadelholz, wenigstens vom Wurzelstocke, nicht ausschlägt, läßt sich die Unzweckmäsigkeit seiner Einsprengung in Niederwälder oder seiner Mitanzucht als Oberholz in Mittelwäldern nicht so unbedingt folgern, wie weiter unten näher dargethan werden soll. Da, wo eine Holzart in reinem Bestande nur noch dürftig fortkommt, gewinnt sie gar oft durch Beigesellung einer anderen an Zuwachs, Ausdauer und Fortpflanzungfähigkeit; 2c.

2) Bei durchgängiger Vertheilung der Nutzholzzwischen den Brennholzarten würden durch Nothfälle gebotene Uebergriffe bei dem einen Sortimente auch Vorhiebe bei dem anderen Sortimente

nach sich ziehen, wenn nicht der Beständeschlus gestört werden soll, oder doch die Holzernte erschweren und vertheuern.

Würde z. B. zum Wiederaufbaue einer durch Feuersbrunst eingeäscherten Ortschaft die Abgabe einer gröseren Bauholzmenge nöthig, als die vollhaubaren und im Anhiebe begriffenen Schläge zu liefern vermöchten, so liese sich diese Abgabe da, wo sich das Bauholz in reinen Beständen vorfände, ganz gut durch Vorgriffe in die nächst haubaren Hölzer der Art realisiren, ohne zugleich auch jüngere Brennholzbestände mit in Angriff zu nehmen. Da aber, wo beide Sortimente unter einander gemischt vorkämen, müßte durch die Ausfemelung des Bauholzes aus den noch nicht zur Verjüngung geeigneten oder bestimmten Brennholzbeständen deren Schlus unterbrochen, überdieß dieser Aushieb an sich schwieriger und kostspieliger werden.

Diesen Einwürfen dürfte leicht grösere Wichtigkeit beigelegt werden, als sie in Wahrheit verdienen. Denn wenn schon gegenwärtig dergleichen Nothholzabgaben in gröserer Ausdehnung seltener vorkommen, so werden sie dann, wenn erst für allgemeinere Verbreitung des Nutzholzes, wie sie fast allein Mischbestände möglich machen, gesorgt sein wird, noch viel seltener zu Vorgriffen in jüngere Bestände nöthigen, weil dann der Bedarf aus den schon im Anhiebe befindlichen Schlägen benachbarter Wälder eher aufzubringen ist. Man wird den Holzbezug aus fremden Wäldern in dergleichen auserordentlichen Fällen eben für kein groses Unglück erklären wollen, wenn man erwägt, daß gegenwärtig viele Gemeinden schon ihren gewöhnlichen Bedarf an Bau- und anderem Nutzholze ganz oder theilweise von auswärts und nicht selten aus beträchtlichen Entfernungen her darum beziehen müssen, weil ihn ihre eigenen Waldungen nicht zu liefern vermögen. Müßte aber auch in einzelen Nothfällen der Nutzholzbedarf durch Ausfemelung in noch nicht zum Anhiebe und zur Verjüngung bestimmten Mischbeständen erzielt werden, so kann dieß immerhin ohne merklichen Nachtheil des bleibenden Bestands dann geschehen, wenn die Nutzholzstämme nicht horstweise, sondern vereinzelt, zwischen dem Brennholze eingesprengt sind, wie es in der Regel sein sollte. Lassen sich doch uralte und starkbekronte, in Stangen- und Raidelhölzer zerstreut eingewachsene, Oberständer bei einiger Vorsicht so gut aushauen, daß schon einige Jahre später jede Spur ihres früheren Daseins verschwunden ist. Wie viel mehr muß dieß erst bei gleichaltrigen, daher viel schwächeren und minder starkbekronten Stämmen möglich sein, vornweg bei dem zwischen Laubholz eingesprengten Nadelholze, unter dessen (meist vorgewachsenen) Kronen das Laubholz gewöhnlich vollkommen geschlossen bleibt. Der an sich unbedeutende und billig von dem Holzempfänger zu tragende Mehraufwand an Kosten für den Aushieb und mitunter auch für das Herausschaffen solcher Stämme kann gegen die weit überwiegenden Vortheile der Mischbestände nicht in Betracht kommen. Ja in vielen Fällen bliebe es sogar wünschenswerth, wenn den Vorgriffen in noch nicht voll haubare Nutzbestände grösere Hindernisse entgegenständen. Der Herausgeber kennt eine nicht geringe Zahl Gemeindewälder, in denen das Heranziehen der Nutzhölzer bis zur vollen Reife seither an dem starken Zudrange der Theilhaber scheiterte, welche unter allerlei Vorwänden der Unbequemlichkeit zu entgehen wußten, ihren laufenden Nutzholzbedarf aus etwas gröserer Entfernung sich zu verschaffen.

3) Das unter vorherrschendem Laubholze erzogene Nadelholz wachse zu gail und tauge wegen seiner breiteren Jahrringe und wegen seines minder dichten Holzes weniger gut zu manchen Gebrauchszwecken, wie feineren Spalt- und Schnittwaaren. —

Auf recht kräftigen Standorten und in milderen Lagen, zumal in Mischbeständen, worin die Rothbuche prädominirt, ist dieß allerdings der Fall. Man darf aber nicht übersehen, daß der Bedarf an feinjährigem Nadelnutzholze (zu Siebrändern, Schachteln,

Spänen ꝛc) durchschnittlich nur einen kleinen Theil von dem Gesammtverbrauche ausmache und daß das benöthigte Quantum zu jenen Verwendungen mehr als zureichend in Mischbeständen auf magerem Boden sich erzeugen lasse, zumal wenn die über das Laubholz vorwachsenden Nadelstämme von unten auf ausgeschneidelt werden, weil sie dann höher hinauf ein astknotenreineres Holz erhalten; daß dagegen das fettere und minder schwere Nadelholz zu mancherlei Gebrauche, wie zu Packfässern, Kisten, zu Blindholz für Möbelschreiner ꝛc wieder seine eigenthümlichen Vorzüge besitze — des Gewinnes an Massezuwachs nicht zu gedenken.

4) Mischbestände erschweren manche Arbeiten bei der Waldertragsregelung. —

Denn bei der Absonderung der Holzarten zu reinen Beständen lasse sich der Massevorrath und künftige Bestandszuwachs für einen gröseren Distrikt oft schon durch eine verhältnismäsig kleine Probefläche mit genügender Annäherung ermitteln und die Standortsgüte brauche in jedem Falle blos für die vorfindliche eine Holzart untersucht zu werden. In Mischbeständen aus verschiedenen Holzarten, und ohne gleichförmige Vertheilung der letzten, würden dagegen öfters eine Vervielfältigung der Probeflächen, mitunter noch mühsamere stammweise Auszählungen nöthig, so wie eine durchgängige Bonitirung für mehre Holzarten zugleich, und diese um so schwieriger zu vollziehen, als die bekannten Zuwachstafeln fast ausschlieslich auf reine Bestände Bezug nähmen.

Ohne die Richtigkeit dieser Einwürfe zu verkennen, darf man doch billig Bedenken tragen, die mannigfachen materiellen Vortheile, welche passende Mischbestände bieten, der blosen Rücksicht auf einige Geschäftserleichterung aufzuopfern. Die höchste und vielseitigste Nutzbarkeit und Erträglichkeit der Wälder ist der erste und Hauptzweck der Forstwirthschaft, und nicht die Ertragsregelung, welche, als bloses Mittel für jenen Zweck, diesem untergeordnet bleiben muß; — wer aber den Zweck will, darf auch die Mittel nicht scheuen. Mit der Sorge für eine recht gleichförmige Vertheilung der Mischungen fallen ohnehin die meisten der oben erwähnten Schwierigkeiten von selbst weg; diese werden aber ohnedieß durch die beträchtliche Verminderung der Betriebsklassen und Schlagmengen, wie sie Mischbestände allein möglich machen, bei weitem wieder aufgewogen. Die praktische Brauchbarkeit fremder Zuwachstafeln zur Vornahme von Bonitirungen und Zuwachsberechnungen wird nicht erst durch Mischbestände in Frage gestellt; sie besteht schon jetzt nicht für reine Bestände, weil diese Tafeln — ganz abgesehen von der mehr als problematischen Richtigkeit ihrer Ansätze — nicht den mindesten Haltpunkt gewähren, um sie nur mit einiger Sicherheit einem beliebigen Standorte anpassen zu können. Der Ertragsregeler muß sich deshalb die ihm nöthigen Zuwachstafeln selbst anfertigen, und sollte er dabei für Bestandsmischungen etwas grösere Schwierigkeiten zu besiegen haben und in noch etwas mehr Fehler verfallen, als bei reinen Beständen, so werden hierin Diejenigen keine grose Gefahr erblicken, welche aus eigener Erfahrung die Schwierigkeit einer richtigen Anwendung solcher Tafeln in allen Fällen kennen und wissen, daß eine fortwährende Vervollständigung derselben unumgänglich nöthig und diese eben so gut bei Mischbeständen möglich sei, wie bei reinen.

5) Die Behandlung, namentlich die An- und Nachzucht, seie schwieriger bei Mischbeständen, besonders Hochwäldern, als bei reinen. —

Die Schwierigkeiten begännen schon mit der natürlichen Samenverjüngung. Denn die Sämlinge der verschiedenen Holzarten verlangten oder ertrügen eine bald stärkere bald lichtere Ueberschirmung der Mutterbäume und solche wieder für eine kürzere oder längere Zeit hin, weshalb eine anfangs dichtere oder lichtere Schlagstellung, so wie eine frühere oder spätere Auslichtung zwar den Nachwuchs der einen Holzart begünstigen, dagegen den einer beigesellten anderen Holzart gefährden könne, wie schon das mehr und mehr überhand nehmende Verschwinden der licht bedürftigen

Eichen aus den dunkel gehaltenen Rothbuchschlägen bewiese. Auserdem stehe das allmählige Verdrängen mancher edlen Holzart durch eine andere zu besorgen, wie z. B. das Verdrängen der schwersamigen und seltner fruchtbaren Buche und Eiche durch Nadelholz, welches öfter, reichlicher und weit abfliegenden Samen bringe, wofür die an verschiedenen Orten erhobenen Klagen über das weitere Vordringen der Nadelhölzer auf Kosten des Laubholzes sprächen. — Endlich würden auch späterhin, bei der ungleichen Schnellwüchsigkeit der Holzarten, die langsam wüchsigeren von den beigemischten schnellwüchsigeren durch Verdämmung bedroht, so wie der Schlus der den Hauptbestand bildenden Holzart, wenn ihr die beigesellten Holzarten im Turnus nachständen und daher auch früher ausgehauen werden müßten.

Der erste Einwurf wäre vollkommen gegründet, wenn die gleichartige Nachzucht der Hochwald-Mischbestände nur allein auf natürlichem Wege erzielt werden sollte und müßte. Nimmt man aber, wozu wir in der Regel rathen, die natürliche Samenverjüngung nur mit Rücksicht auf die vorherrschende Bestandsart vor und sprengt man die beizumischenden Holzarten erst im Abtriebsschlage künstlich und zwar vorzugweise durch Pflanzung ein, so fällt jenes Hindernis weg und man kann so zugleich, ohne beträchtlichen Kostenaufwand, die nöthige Gleichförmigkeit der Mischung und das gedeihliche Fortkommen der einzusprengenden Hölzer am besten sichern.

Der allzureichlichen Ansamung einer untergeordneten Holzart läßt sich schon durch deren Aushieb im Vorbereitungschlag oder bei der Samenstellung selbst vorbeugen; wenn aber nicht, so ist doch die Entfernung des lästigen Uebermaases an solchem Nachwuchs während des allmähligen Abtriebs der Mutterbäume und späterhin eben so leicht möglich und mit eben so wenig Mühe und Kosten verknüpft, als wie die auch in reinen Beständen häufig nöthige Verdrängung der Vorwüchse und der sich hier aus der Ferne her ansiedelnden weichen Laubhölzer. Am leichtesten läßt sich vor allen Nadelholzanflug vertilgen, wegen der ihm abgehenden Ausschlagfähigkeit. Jene Besorgnis mögen deshalb nur Diejenigen hegen, welche dem Glauben leben, bei der natürlichen Samenverjüngung dürfe auch nur allein die Natur walten; aber kein thätiger praktischer Forstwirth, welcher die höchst einfachen Mittel und Wege der Abhilfe kennt, wird ihre Besorgnis theilen und wirkliche Gefahr erblicken.

Bei der Mischung langsam wüchsiger Holzarten mit schnellwüchsigen können letzte jenen mitunter nachtheilig, selbst verderblich werden, wenn erste sehr lichtbedürftig sind und letzte einen dichten Baumschlag führen. Solche Mischungen taugen daher nicht, wie z. B. die der Kiefer mit schnellwüchsigeren Laubhölzern, der Lärche oder Seetanne, so wie denn überhaupt die Gipfeltriebe von allem Nadelholze unter etwas vorgewachsenen anderen Hölzern meist Noth leiden. Dagegen wird die Roth- und Hainbuche, selbst die Eiche durch untermischte gleichaltrige schnellwüchsigere Holzarten, wenn sich diese von unten auf leicht reinigen und lockere Kronen bilden, wie Birken, Aspen, Weiden, Kiefern, Lärchen ꝛc. nicht leicht gefährdet, so bald die Untermischung nur nicht gar zu stark ist; mehr schon durch Fichten und Tannen, deren verdämmender Einflus jedoch durch Abnahme der unteren Beastung um so wirksamer zu ermäsigen ist, als diese Nadelhölzer die abgenommenen Aeste nicht reproduziren.

6) Mischbestände erschwerten und vertheuerten die Ernte des Holzes und mancher Nebennutzungen.

Insbesondere seie die reine Sortirung des gefällten Brennholzes nach Holzarten — wie sie bestehende Berechtigungen oft nöthig und ein vortheilhafter Absatz meist räthlich machten — mühsamer in Folge des Zusammenschaffens der in Mischbeständen unter einander zerstreut vorkommenden Holzarten. Aehnlich verhalte es sich mit der Baumsamenernte, weil in geschlossenen reinen Beständen die Sammler aus der Krone eines bestiegenen und entleerten Stammes oft unmittelbar in die Krone eines Nachbarstammes gleicher Art überklettern könnten und so das Auf- und Absteigen ersparten.

Beiden Einwürfen kann nur eine ganz untergeordnete Bedeutung eingeräumt werden. Denn wird das Brenn- und geringe Nutzholz von den Hauern aus den Schlägen an die Abfuhrstellen (Wege ꝛc) geschafft, wie es eine gute Wirthschaft verlangt und wie es bei dichterem Stande des Holzes ohnehin ganz unvermeidlich ist, so spricht das artenweise Zusammenbringen des Holzes weniger Mühe an, als einige Aufmerksamkeit. Dem Herausgeber ist wenigstens bei den vielen und ausgedehnten Fällungen, welche er in sehr bunt gemischten Beständen vornehmen lies, niemal eine Lohnerhöhung von Seiten der Hauer angemuthet worden, noch nur eine desfallsige Klage von ihnen zu Ohren gekommen. — Eher schon veranlaßt das Ausschneideln eingesprengter schnellwüchsiger und dichtkroniger Stämme zur Verminderung ihrer verdämmenden Wirkung auf das niederere Holz einigen, wiewohl im Ganzen unerheblichen, Mehraufwand an Fällungkosten.

Sollte auch die Samensammlung von vereinzelt stehenden Stämmen mitunter etwas schwieriger sein — wiewohl das Ueberklettern von einem Baume zum anderen immerhin sehr gefährlich bleibt und auch schon manches Menschenleben gekostet hat — so erhöht sich dagegen auch die Fruchtbarkeit solcher Stämme, namentlich des zwischen Laubholz vorgewachsenen Nadelholzes, welches öfter und reichlicher Samen zu tragen pflegt.

7) Dem Frevel vorzugweise ausgesetzte Nutzhölzer liesen sich in reinen Beständen eher schützen, schon darum, weil dergleichen Frevel in Mischbeständen nicht so leicht und so zeitig wahrgenommen würden.

Es mag dem mitunter so sein, wiewohl die einzeln vorkommenden Nutzholzstämme in Mischbeständen dem Blicke der Frevler auch wieder eher entgehen. Das beste Schutzmittel gegen dergleichen Entwendungen liegt aber wohl in einer allgemeinen, der Nachfrage entsprechenden Verbreitung der Nutzhölzer, wie sie fast nur allein Mischbestände gestatten. Wo den Konsumenten Gelegenheit gegeben ist, die gesuchten Sortimente in genügender Menge und zu angemessenen Preisen sich auf rechtliche Weise zu verschaffen, und wo ein guter Forstschutz geübt und durch eine sachgemäse Strafgesetzgebung und deren prompte Handhabung unterstützt wird — da legen, und gerade solche Frevel, sich von selbst.

§. 4. — Aufzählung der vortheilhaftesten Bestandsmischungen.

Wir wollen, bevor wir auf die verschiedenen Mischarten selbst eingehen, einige leitende Regeln voraussenden.

A. — Die zu vermischenden Holzarten müssen dem Standorte, der Betriebsart und den lokalen Gebrauchszwecken angemessen sein.

B. — Eine bodenbessernde Holzart soll den Hauptbestand bilden, mithin darin vorherrschen, vornweg in Hochwäldern und bei hohem Umtriebe. Abweichung von dieser Regel gestatten nur etwa sehr kräftige und fette Standorte in wohl geschützten Lagen, wie an nördlichen Einhängen, auch wohl Nieder- und Mittelwälder wegen ihres möglichen dichteren Schlusses während der kürzeren Umtriebszeit.

C. — Bei der Wahl der einzusprengenden Holzarten ist der Grad ihrer Schnellwüchsigkeit und die Länge ihrer Ausdauer zu berücksichtigen.

Ihre Schnellwüchsigkeit anlangend, so ist es im Durchschnitt am besten, wenn ihr Höhewuchs mit dem der vorherrschenden Bestandart gleichen Schritt hält. In vielen Fällen schadet es aber nicht, wenn die beigemischte Holzart etwas schnellwüchsiger ist, mitunter muß sie es sogar sein, z. B. wenn sie einer im Freien auzubauenden zärtlichen Holzart Schutz gewähren soll. Nur Nadelbestände, vor allen Kiefern und Lärchen, vertragen die bleibende Untermischung schnellwüchsigerer Holzarten nicht, wie schon oben bemerkt wurde. Ebenso empfehlen sich langsamer wüchsige

Holzarten, bei welchen zu besorgen ist, daß sie von der Hauptbestandsart früher überflügelt und unterdrückt werden, bevor sie die vortheilhafteste Nutzstärke erreicht haben, zur Untermischung nicht, Falls man nicht durch ihre Einpflanzung in stärkeren Stämmchen den Unterschied im beiderseitigen Höhewuchse ausgleichen kann oder will. Beim Oberholze in Mittelwäldern hat die Verschiedenheit in der Schnellwüchsigkeit am wenigsten zu bedeuten.

In der Umtriebszeit soll die eingesprengte der Hauptbestands-Holzart gleichstehen, darf dieser aber auch — bei vorübergehenden Mischungen — nachstehen; nur ein höherer Turnus, mithin ein Ueberhalten für eine weitere Umtriebszeit hin, empfiehlt sich bei Hochwäldern in der Regel nicht, am wenigsten bei Laubhölzern.

D. — Bei der Feststellung der vortheilhaftesten Mischungverhältnisse hat man die Standortsbeschaffenheiten, das Bodenbesserungvermögen sowohl der den Hauptbestand bildenden, als auch der ihr beizumischenden Holzarten, ihre gegenseitigen Wachsthumsverhältnisse rc zu berücksichtigen. Je mehr untergeordnete Holzarten zugleich eingesprengt werden sollen, um so mehr hat man die Stammzahl jeder einzelen zu beschränken.

E. — Eine recht gleichförmige Vertheilung der Holzarten unter einander in der Art, daß die eingesprengten nicht horstweise zusammen, sondern vereinzelt durch den Hauptbestand hin zu stehen kommen, empfiehlt sich in den meisten Fällen, vornweg dann, wenn die beigemischten Holzarten schnellwüchsiger sind und einen dichten Baumschlag haben (wie z. B. Fichten und Tannen unter Buchen rc); und sie wird ganz unerläßlich, wenn die eingesprengten Holzarten nicht bis zum Abtriebsalter des Hauptbestands ausdauern können oder sollen, wie z. B. weiche Laubhölzer in Rothbuchen-Hochwaldbeständen. Nur wenn in einem zu frühzeitiger Lichtung geneigten und doch zu hohem Umtriebe bestimmten Bestand (z. B. Eichen) bei eintretender Lichtung eine bodenbessernde andere Holzart eingesprengt werden soll, muß letzte einen geschlossenen Unterwuchs bilden.

Indem wir nun zu den einzelen Bestandsmischungen, welche unseren Erfahrungen nach als vortheilhaft sich bewähren, übergehen und die unter jeder Zifer vorangestellte Holzart als diejenige betrachtet wissen wollen, welche die Hauptbestandmasse abgeben soll, sind wir weit entfernt, auf eine gänzliche Erschöpfung dieser reichhaltigen Materie Anspruch zu erheben.

I. Mischarten für den schlagweisen Hochwaldbetrieb.

1. Zwischen Rothbuchen kommen, wie bereits oben bemerkt, fast alle Baumhölzer am besten fort, besser noch, wie in reinen Beständen, und gewinnen insbesondere an Schaftlänge, Vollholzigkeit, Massezuwachs und Ausdauer. Zum Einsprengen empfehlen sich besonders

a) Hainbuchen, welche, obschon für sich herrschend, dennoch in Gesellschaft der Rothbuche sich kräftiger entwickeln und weiterhin, als in reinen Beständen, in gutem Zuwachse sich erhalten und mitunter einen bis 120jährigen Umtrieb ausdauern, wenn auch gewöhnlich ein Theil der Stämme, welcher von der Rothbuche bis dahin übergipfelt oder in der seitlichen Kronausbreitung stark beengt wird, schon früher (wiewohl unbeschadet voller Nutzbarkeit) ausgehauen werden muß. Deshalb ist aber auch eine möglichst gleichförmige Mischung rathsam, zumal bei hohen Umtrieben. Die Hainbuche kann einige Jahre Vorsprung im Alter besitzen.

b) Eichen, deren freudiges Gedeihen zwischen Rothbuchen allgemein bekannt ist. Doch empfiehlt sich diese theils natürlich theils künstlich am meisten verbreitete Mischung nur dann, wenn beide Holzgattungen mit gleichem Umtriebe behandelt, nämlich die Eichen, zur Erziehung stärkeren Holzes, nicht noch um einen Buchenumtrieb weiter hin übergehalten werden sollen, weil der hierbei beabsichtigte Zweck meist verfehlt wird. Die bei der natürlichen Wiederverjüngung des Bestands aus dem Schlusse in eine freiere Stellung gelangenden und zum weiteren Ueberhalten bestimmten Eichen pflegen sich nämlich längs dem Schafte herab bald mit Wasserreisern zu überziehen — (Stieleichen mehr als Traubeichen) — und diese neuen Loden rauben nicht nur dem Schaftholze allmählig seine Spaltigkeit, welche es zu feineren Verwendungen brauchbar macht, sondern auch den oberen Kronästen die nöthige Nahrung und veranlassen somit Gipfeltrocknis, weshalb späterhin, wenn diese Schaftloden durch den nachgezogenen Buchenbestand allmählig wieder verdämmt und verdrängt werden, die zopftrockenen Eichenoberständer mehr und mehr im Zuwachse nachlassen und sehr oft ganz eingehen. Dem läßt sich zwar durch frühzeitig begonnene und fleisig fortgesetzte Ausschneidelung der Schafträuber begegnen, jedoch ohne gleichzeitige Erhaltung der Güte des Schaftholzes, welches bei dieser Operation nur noch maaseriger und knotiger wird. Ueberdieß werden diese Oberständer häufig von Frostrissen oder Eisklüften, besonders in östlichen und südlichen Lagen, heimgesucht und nicht selten auch von Kernfäule. Und so kommt es denn, daß gewöhnlich die grösere Mehrzahl der Eichen, welche zur Zeit ihres ersten Ueberhaltens die schönsten Nutzstämme und damal noch gut versilberbar waren, während des folgenden Umtriebs sich in schlechtes Brennholz verwandelt und oft lange vor Anbeginn der Wiederverjüngung des Bestands mit Mühe und Schaden ausgehauen werden muß. Man sollte deshalb die Anzucht stärkerer Nutzeichen, als sie der einfache Buchenturnus zu liefern vermag, auf einem anderen Wege vermitteln (siehe unter Z. 3). — Wenn auch die Eichen, vornweg Stieleichen, der Rothbuche an Schnellwüchsigkeit ziemlich gleich stehen und letzte mitunter noch etwas übertreffen, so bleibt ein Altersvorsprung von einigen Jahren doch immerhin nützlich, zur Beseitigung der Gefahr späterer Unterdrückung durch die Buche, welcher dagegen etwas vorgewachsene Eichen weit weniger schaden. Es ist im Durchschnitt nicht rathsam, die Untermischung der Eiche über 20 Proc. der Stamzahl zur Zeit der Haubarkeit auszudehnen, wenn auch auser ihr keine andere Holzart eingesprengt wird.

c) Ahorne, Eschen, Rüstern, Elzbeer-, Vogelbeer- und Mehlbeerbäume, wilde Apfel-, Birn- und Kirschstämme rc kommen trefflich zwischen der Buche fort, verlangen aber — zumal die 3 erstgenannten — einen recht kräftigen Boden, welcher für Eschen, Rüstern zugleich feucht sein muß und sogar naß sein darf *). Sie alle, vornweg Ahorne, tragen bei so lichter Untermischung, daß durchaus die dunkle Beschattung des Bodens von der Buche besorgt werden kann, zur Humusmehrung merklich bei. Einige Arten halten zwar einen hohen Turnus nicht aus, erlangen aber oft zwischen der Buche eine ausergewöhnliche Höhe und Stärke.

d) Birken, Pappeln, Baumweiden gewähren beim allmähligen Aushiebe, welcher frühzeitig begonnen, aber erst bis zum 40—60 Jahr beendigt werden kann, eine sehr ansehnliche und werthvolle Vornutzung, welche vorzugweise willkommen ist beim aussetzenden Betriebe und auch beim strengsten Nachhaltbetriebe für solche Perioden, denen wegen Mangels an schlagbaren Beständen der normale Etat nicht überwiesen werden kann. Deshalb sollte man ihnen auch nicht, wie so häufig geschieht, gleich von vornherein, den Zernichtung-Krieg erklären, auch sie nicht blos da, wo sie sich zufällig von selbst in Buchen- und anderen Laubholzwäldern ansiedeln, toleriren, sondern sie darin nöthigenfalls förmlich künstlich anbauen, was gerade bei diesen 3 Holz-

---

*) Mit lebhaftem Bedauern mußte der Herausg. oftmal den schmählichen Mißbrauch wahrnehmen, welchen man mit den schönsten Setzlingen von den oben genannten edlen Laubhölzern trieb, indem man bei der Auswahl des Pflanzlokals ohne alle Rücksicht auf das eigenthümliche Bedürfnis dieser Holzarten verfuhr, diese nämlich auf kraftlose, trockene und überhaupt solche Stellen verpflanzte, wo an ein gedeihliches Fortkommen nicht zu denken war. Mit dem blosen Einstopfen allein ists nicht gethan! —

gattungen so überaus leicht und wohlfeil geschehen kann. Nur hat man bei ihrer Einsprengung vorzugweise ein horstweises reines Vorkommen zu vermeiden, damit bei ihrer allmähligen Ausnutzung der Schlus des Hauptbestands keine Unterbrechung erleidet.

e) Fichten und Tannen lassen sich — obschon sie vom 12—15ten Jahre an gleichaltrige Buchensämlinge zu überflügeln pflegen und dabei einen dichten Baumschlag besitzen — dennoch recht vortheilhaft zwischen Buchen anziehen, entweder ganz vereinzelt, oder auch in kleinen (nur einige □ Ruthen grosen) Horstchen rein, so bald nur die Untermischung nicht zu stark ist, etwa nur 10—20 Stämme per Hess. oder Preuss. Morgen beträgt und wenn man diese Nadelhölzer bei Vornahme der ersten Durchforstung von unten auf bis zu schicklicher Höhe ausschneidelt (an Horstchen nur die äuseren Randstämmchen) und späterhin diese Schneidelung noch 2—3mal — in Zwischenräumen von etwa 10 bis 15 Jahren — wiederholt, d. h. weiter am Stamme hinauf fortsetzt. Doch sind diese Entastungen nicht einmal absolut nöthig; der Herausgeber wenigstens konnte in älteren mit gleichaltrigen und weit vorgewachsenen Fichten und Tannen licht durchsprengten Laubbeständen keinen beträchtlichen Schaden wahrnehmen, welchen diese Nadelhölzer, obschon die Ausschneidelungen an ihnen ganz unterblieben und die Stämme ziemlich tief herab beastet waren, dem unterstehenden Laubholze zugefügt hätten. Selbst in Eichenbeständen war dieß der Fall. Dagegen hatten solche Stämme oft eine so auserordentliche Stärke, wie sie sie in reinen Beständen auf gleichen Standorten kaum in dem doppelten Alter erlangt haben würden.

f) Gemeine Kiefern überwachsen zwar die gleichaltrigen Buchen noch früher, verdämmen aber viel weniger und bedürfen gar keiner Schneidelung, weil sie sich unterhalb von selbst reinigen. Sie lassen sich deshalb in reichlicherem Maase untermischen und auch rein in gröseren Horsten, welche sich meist von selbst wieder in reine Buchen bei der späteren Verjüngung umwandeln. Da jedoch die Geradschaftigkeit der einzeln zwischen Laubholz eingesprengten und letztes beträchtlich an Höhe überragenden Kiefern (in Folge des Zerknickens der noch zarten Gipfeltriebe im Frühjahre durch Winde und auffusende Raubvögel, Raben 2c) leicht Noth leidet, so empfiehlt es sich, den Unterschied im Höhewuchse zwischen beiden Holzgattungen dadurch mehr auszugleichen, daß man erst im Abtriebsschlage, bei schon 10—15jährigem Alter des Buchenaufschlags, die Kiefern durch Saat oder mittelst 2—3-jähriger Pflänzlinge untermischt, dazu aber kleinere Lichtungen, Stocklöcher 2c wählt, woselbst die Kiefer gegen das Unterdrücken des Laubholzes in den ersten Jahren gesichert ist.

Auch Weymouthskiefern kommen an humusreichen etwas feuchten Stellen ganz gut zwischen Buchen fort; und sehr wahrscheinlich ist dieß auch mit der Zürbel- und Schwarzkiefer der Fall. Da beide letzten, besonders die Zürbelkiefer, jenen beiden Kiefernarten an Schnellwüchsigkeit merklich nachstehen, so dürfte bei ihnen der Altersvorsprung des Laubholzes nicht nöthig sein.

g) Die Lärche überflügelt die Buche noch frühzeitiger und stärker, als die gemeine Kiefer, verdämmt aber noch weniger. Die oben bei der Kiefer angerathene Anzuchtweise (durch Samen oder 2—3jähriger Pflänzlinge auf etwas freien Stellen in schon älterem Buchennachwuchse) erscheint bei der Lärche noch rathsamer, zumal in mehr schutzlosen, besonders den Westwinden blosgestellten Lagen, weil hier die starkvorgewachsenen Lärchen leicht windschief werden und da, wo sie horstweise beisammen stehen, beim Zusammenschlagen der Gipfel häufig ihrer Kronäste und oft fast gänzlich beraubt werden.

2) Die Hainbuche kann als vorherrschende Holzart in sehr vielen Fällen die Rothbuche nahe ersetzen, wenn auch nicht völlig, wegen ihres geringeren Bodenbesserungvermögens. Ihrer niederen Umtriebszeit halber eignet sie sich sehr gut zur bleibenden Mischung mit solchen edlen Baumhölzern, welche keinen hohen Turnus ertragen; dagegen am wenigsten für die Eichen. Auch

ist es nicht rathsam, die Einmischungen so stark zu greifen, wie bei Rothbuchenbeständen.

3) In vorherrschende Schwarzerlen=Bestände, mit ihren feuchten und nassen Standorten, eignen sich vorzüglich Eschen, Rüstern, Weißerlen, Vogelbeeren und Ruchbirken (letzte beiden auch auf Torfboden), sodann Schwarz=, Kanadische und Weißpappeln und Baumweiden da, wo diese Holzarten zu Packfässern, Blindholz rc vortheilhaften Absatz finden.

4) Daß die Eichen so wenig, wie die übrigen Laubbaumhölzer, zur vorherrschenden Bestandsart in Mischwäldern sich empfehlen, vornweg auf minder kräftigen Standorten und bei hohen Umtrieben, wurde schon oben angegeben. Selbst in Vermischung mit der kraftvollen Rothbuche verlieren die Eichen jenseite der vollen Mannbarkeit merklich an Zuwachs, wenn ihre Stammzahl die der untermischten Rothbuchen übersteigt.

Doch bieten sich andere Mittel dar, reine Eichenbestände mit gutem Zuwachse einem sehr hohen Turnus zuzuführen. Diese Mittel liefern zwei Mischungen anderer Art, von denen die Eine in jugendlichem, die Andere in höherem Alter des Bestands vorgenommen wird. — Die Erste besteht in dem Einsprengen schnellwüchsiger Holzarten, wie Birken, Pappeln, Weiden, auch wohl Kiefern oder Lärchen, in junge reine Eichenkulturen, theils um deren Höhewuchs zu fördern, theils zum Schutze gegen Spätfröste und der Bodenkraft, theils um in der Beimischung selbst eine oft sehr werthvolle Vornutzung zu gewinnen, wenn man jene in dem Maase, als sie den Eichen nachtheilig zu werden droht, nach und nach wieder entfernt. Haut man dabei die genannten Laubhölzer so aus, daß ihre Stöcke wieder ausschlagen können, so gestatten diese Loden mitunter späterhin eine nochmalige Nutzung oder tragen doch, Falls sie auch nicht zur kräftigen Entwickelung gelangen und unterdrückt bleiben, zu fernerem Schutze des Bodens bei. Dieser Bodenschutz nimmt aber weiterhin und mit jeder Durchforstung des Eichenbestands mehr und mehr ab, so daß meist schon gegen das 60—70ste Jahr hin der Boden mit mancherlei Gewächsen, wie Gräsern oder Heidelbeeren ꝛc sich ziemlich stark zu überziehen pflegt, welcher Ueberzug von nun ab fortwährend kompakter wird und den Zuwachs der Eichen schmälert. Letzte überziehen sich nun auch häufig, zumal auf minder günstigen Standorten, längs dem Schafte herab mit Wasserreisern und diese ziehen eine fortschreitende Auszehrung der Krone nach sich, so daß der beabsichtigte höhere Turnus meist gar nicht oder doch nur mit überwiegendem Nachtheile sich einhalten läßt. Bildet sich, wie es auf kräftigen und frischen bis feuchten Standorten oft der Fall ist, der Unterwuchs aus höheren Laubsträuchern, z. B. Haseln, Schwarz- und Weißdorn, Hartriegel ꝛc, so wirkt derselbe zwar einer stärkeren Verwilderung und Ausmagerung des Bodens entgegen, vermag aber immerhin nicht die schädlichen Schaftloden zu verdrängen. Beide Zwecke sind jedoch zu vereinigen und vollständig zu erreichen, wenn man den gewöhnlich zu spät und nur unvollständig sich natürlich erzeugenden Strauchholzunterwuchs durch frühere künstliche Einsprengung einer zählebigen (d. h. starke Ueberschattung aushaltenden) Baumholzart zu ersetzen sucht, weil diese nicht blos den Boden vollständiger schützt, sondern auch durch höheres Emporwachsen zwischen den Eichen deren Schaftloden zurückhält und verdrängt und dem Eintritte der Zopfdürre begegnet. Der hierzu geeigneten Baumhölzer gibt es hauptsächlich 4 — die Roth- und Hainbuche, die Roth- und Weißtanne, von denen man die ersten beiden, oder auch die beiden letzten, zugleich d. h. im Gemenge, anbauen kann. Der passende Zeitpunkt hierzu trit ein, so bald der Boden unter dem schon mehrmal durchforsteten Eichenbestand eine stärkere Neigung zum Ueberzug von Gräsern ꝛc erblicken läßt, oder gar schon die prädominirenden Eichen unterhalb ihrer Kronen Wasserreiser zu treiben beginnen, was auf mittelguten Standorten zwischen dem 60—80sten Jahre, auf besseren auch wohl noch etwas später zu geschehen pflegt. Man lasse dann den Boden durch stärkere Hausschweine den Sommer über tüchtig umbrechen, im nächsten Winter alle unterdrückte Eichen rein aushauen, im folgenden Frühjahre den Samen von einer oder beiden der genannten Laub- oder Nadelholzarten breitwürfig unter die Eichen aussäen und ihn nöthigenfalls durch Uebertrieb von Schafheerden xc noch besser an und in den wunden Boden bringen. Die Kosten dieser Operation sind an sich nicht bedeutend und werden durchschnittlich nicht 1 Gulden pro Hess. oder Preuss. Morgen übersteigen, da jene Baumsamen wohlfeil anzukaufen, mitunter sogar ganz unentgeltlich durch Einsammlung von Forststrafschuldnern, Fröhndern oder ganzen Gemeinden (für Communalwaldungen) zu beschaffen sind, die Vornahme auch nicht, wie bei der Kultur von Blösen, an eine bestimmte Zeit gebunden ist, sondern ein reichliches Samenjahr sich abwarten läßt. Aber auch ein weit beträchtlicherer Kostenaufwand würde — wollte man den vortheilhaften Einflus auf den Eichenbestand selbst gar nicht in Anschlag bringen — schon durch die spätere Ausbeute an dem eingesprengten Holze vielfältig wieder ersetzt werden. Denn wird auch ein Theil von letztem und insbesondere die im näheren Umkreise der Eichen stehenden Stämmchen, an einer vollständigen Entwickelung ihres Höhewuchses verhindert, so ist dieß doch erfahrungmäsig bei einer verhältnismäsig grosen Stämmezahl nicht der Fall, sondern diese wachsen unter und zwischen den Eichen ziemlich freudig empor, wenn auch freilich nicht ganz so, wie unüberschirmte. Ueberdieß läßt sich auf ihr besseres Wachsthum noch dadurch einwirken, daß man späterhin, wenn erst der Unterwuchs eine gewisse Höhe erreicht hat, die ganz oder doch gröstentheils nur zu Brennholz tauglichen, obschon vorgewachsenen, Eichen allmählig aushaut und nur die schöneren Nutzstämme, auf welche die Maasregel ja zunächst berechnet ist, weiter überhält. Da man, bei der weit rascheren Entwickelung der letzten zwischen dem schützenden Unterwuchse, in kürzerer Zeit stärkeres und schaftigeres Nutzholz erhält, so bezweckt die ganze Operation zugleich eine vortheilhafte Abkürzung der sonst nöthigen hohen Umtriebszeit.

Sie wird sich übrigens nur auf frischen und kräftigen Standorten bewähren, auf denen der Unterwuchs die Ueberschirmung viel eher erträgt, als auf trockenen und mageren, und auch vorzüglich nur da verlohnen, wo der grösere Theil der prädominirenden Eichenstämme werthvolles Nutzholz zu geben verspricht.

Dagegen möchte sich dasselbe Verfahren bei den, aus anderen zur frühzeitigen Auslichtung geneigten, Holzarten bestehenden reinen Hochwaldbeständen, wie Ahornen, Eschen, Rüstern, Kiefern, Lärchen 2c als Regel darum schon weniger empfehlen, weil diese Holzarten mit kürzerer Umtriebszeit behandelt werden, innerhalb welcher der unter ihnen angezogene Unterwuchs nicht die zur vortheilhaftesten Verwerthung erforderliche Stärke erlangen würde. Doch verdient diese Maasregel auch hier Anwendung, wenn dergleichen Bestände einem höheren Umtriebe zugeführt werden sollen und überhaupt da, wo der Unterwuchs mit geringen Kosten und frühzeitig herstellbar ist. Sicher gebührt ihr aber unbedingter Vorzug vor dem zu gleichem Zwecke in Vorschlag gebrachten und selbst hin und wieder angewandten, viel kostspieligeren und dabei weit unwirksameren zeitweisen Umhacken des Bodens unter derartigen Beständen.

5) Fichten und Edeltannen. — Soll einer der beiden Hölzer die vorherrschende Bestandsmasse abgeben, so ist ihre gegenseitige Mischung die beste, weil beide in ihren Wachsthumsverhältnissen mit einander sehr nahe übereinstimmen und die Fichte zwischen der Tanne einen festeren, mehr gegen Windwurf gesicherten, Stand gewinnt. Dagegen taugen Bestände, worin eine von ihnen oder beide zugleich prädominiren, zum Einsprengen anderer Holzarten schon weniger gut. Denn halten diese mit jenen auch von vorn herein gleichen Schritt, wie Buchen, Eichen 2c, so werden sie doch späterhin von beiden Nadelhölzern weit überflügelt und unterdrückt. Durch die bleibende Beimischung schnellwüchsigerer Holzarten, wie der weichen Laubhölzer, (gleichalteriger) Kiefern und Lärchen, leiden aber die Gipfeltriebe der

Fichten und Tannen. Doch sind beide letzten, vornweg Fichten, die vorzüglichsten zu Einfassungen (Mänteln) der Laubbestände, um diese sowohl selbst, als auch ihre Laubdecke und Bodenfeuchtigkeit gegen Winde zu schützen.

6) Die noch mehr Lichtgenus ansprechenden gemeine und Weymouths-Kiefern vertragen noch weniger die längere Ueberschirmung irgend einer anderen Holzart, und es sind daher auch die so häufig empfohlenen Gemische aus ihnen und gleichalterigen Birken und Lärchen gewiß nicht an ihrer Stelle; die Kiefern ziehen dabei regelmässig den Kürzeren. Weit besser vertrügen sich beide Kiefern unter sich, wenn nur nicht die Weymouthskiefer einen viel besseren Boden verlangte, als der gemeinen Kiefer gewöhnlich zu Theil wird. Auch die Schwarzkiefer (P. Pinaster) kommt auf nicht mageren Standorten zwischen der gemeinen gut fort, sobald jene 6—10 Jahre Vorsprung im Alter hat, wenn man nämlich Schwarzkiefern von diesem Alter in frisch angelegte Saaten oder 2—3jährige Pflanzungen von der gemeinen Kiefer einsetzt. Auf gleiche Weise lassen sich auch Mischbestände aus Kiefern und Fichten gründen, welche gut gedeihen, zumal wenn der Vorsprung der Fichte 12 und mehr Jahre (im Alter) oder 2—4 Hess. Fus in der Höhe beträgt und die Untermischung nicht zu stark ist. Die Fichte wird später von der Kiefer eingeholt und beide halten dann ziemlich gleichen Schritt im Höhewuchs und dauern bei nicht zu hohem (etwa 80—100jährigem) Umtriebe gut zusammen aus*). Dasselbe Verfahren ist auch auf

*) So glaubt der Herausg. nach der Beschaffenheit derartiger älterer Bestände schliesen zu dürfen, welche ihm zu Gesicht kamen und von denen einige in seiner Verwaltung sich befanden. Ein sehr schöner, nur jüngerer, Mischbestand einige Stunden von hier, verdankt seine Entstehung folgendem Zufalle. Eine zur Holzzucht eingetauschte Fläche unergiebigen Ackerlandes ward im Frühjahre 1825 mit circa 15jähr., meist 3—4 F. hohen, aus dichtem Schlusse bezogenen und daher sehr schwanken und schmächtigen Fichten in 4 F. Weite bepflanzt. Die

passenden Standorten anwendbar zur Herstellung gleichhoher Mischbestände aus Kiefern und Buchen, Eichen *), Ahornen **), Elzbeeren ꝛc. Sollten auch diese Laubhölzer von der Kiefer späterhin etwas überwachsen werden, so hat das wegen des lockeren Baumschlags der Kiefer wenig zu sagen. Wachsen doch selbst in gut geschlossenen und erst 1—2mal durchforsteten Kiefernstangenhölzern natürlich oder künstlich angesamte Laubhölzer, selbst lichtbedürftige, wie Eichen, Birken ꝛc gedeihlich auf und fort, wenn der Boden frisch und kräftig ist. Diese Verträglichkeit der Kiefer kommt in den Fällen, wo reine Bestände von ihr einem hohen Turnus zugeführt oder in Laub=, Hoch= oder Niederwälder umgewandelt werden sollen, wohl zu statten; in beiden Fällen ist der Gewinn an Zuwachs beträchtlich.

Kultur litt in Folge des heisen und trockenen Sommers einen so starken Abgang, daß der betr. Forstbeamte sie für ganz verloren gab und, da ihm selbst die zur Ausbesserung nöthigen Fichtensetzlinge fehlten, im folgenden Jahre mit Kiefernsamen breitwürfig übersäen ließ. Gegen alles Erwarten erholte sich aber der kaum mit dem Leben davon gekommene und bereits aufgegebene Fichtenrest (etwa $0,_3$ der ganzen Pflanzenmenge) nach und nach zwischen den Kiefern dermaasen, daß er jetzt mit diesen in kräftigem Höhewuchse wetteifert und sichtlich auch fernerhin mit ihm gut fortkommen wird.

*) 5—6 Stunden von hier befindet sich ein dem Herausg. seit 25 Jahren bekannter, 50—60jähriger, mit gleich hohen Eichen durchsprengter, Kiefernbestand, welcher nach der Angabe glaubhafter Augenzeugen in der Art entstanden sein soll, daß die Fläche zuerst mit reinen Eichen kultivirt gewesen, diese Eichen aber im 10—12jähr. Alter durch anhaltendes Behüten mit Pferden dergestalt ruinirt worden seien, daß man eine volle Nachsaat mit Kiefern für räthlich erachtet habe. Die Eichen halten mit den gut geschlossenen und wüchsigen Kiefern fortwährend gleichen Höhewuchs und kommen ihnen auch an Schaftstärke nahe.

**) Nur allein der spitzblätterige Ahorn (A. platanoidis) kann gleiches Alter mit der Kiefer besitzen, indem beide gleich schnellwüchsig von vorn herein sind. Die anderen beiden Ahornarten (A. pseudopl. et camp.) bedürfen, ihres merklich langsameren Wuchses in der Jugend halber, einen 8—12jähr. Altersvorsprung vor der Kiefer, wenn sie gegen diese nicht im Höhewuchse sehr zurückbleiben sollen.

7) Die Lärche — der Kiefer an Lichtbedürfnis zwar gleich, aber noch schnellwüchsiger in der Jugendzeit — überflügelt alle übrigen gleichaltrigen Baumhölzer, Birke und Pappeln allein ausgenommen, deren Beimischung sie ertrüge. Da sie aber noch weniger verdämmt, als die Kiefer, so läßt sie sich noch leichter in Laubholz umwandeln. Als Lückenbüser auf kleineren Lichtungen zwischen schon höherem Anwuchse (von Laub- und Nadelholz) leistet die Lärche oft unersetzbare Dienste.

II. Mischbestände für den Hochwaldfemelbetrieb.

Da dieser Betrieb, der ihm anklebenden Unvollkommenheiten halber, fast allerwärts aufgegeben und mit der vortheilhafteren Schlagwirthschaft vertauscht wurde, so glauben wir bei ihm nicht lange verweilen zu dürfen. Wir beschränken uns deshalb nur auf die Bemerkung, daß für ihn, soll anders seine ohnehin niedere Erträglichkeit nicht noch weiter herabgedrückt werden, nur eine kleine Zahl Baumholzarten (mithin auch Mischarten) sich eigene, nämlich nur die zählebigen und eine längere Ueberschirmung ertragenden Fichte und Tanne, die Roth- und Hainbuche und ihre gegenseitige Verbindungen.

Der Herausg. wird späterhin eine besondere, mit fortwährender Bestandsumwandlung gepaarte Modifikation dieses Betriebes mittheilen, welche für solche kleinere Privatwäldchen recht empfehlenswerth ist, worin der Hochwaldbetrieb mit jährlicher Nutzung stattfinden soll, bei Einführung der Schlagwirthschaft aber nicht möglich wäre.

III. Mischbestände für den Niederwaldbetrieb.

Rein erhaltene Niederwaldbestände, welche schon mehre Umtriebe erlebt haben, sind weit seltener, als reine Hochwälder. Die Ursache liegt in den viel kürzeren Niederwald-Umtrieben, welche das Eindrängen fremder Holzarten, darunter vieler Sträucher, begünstigen. Die Umtriebskürze bewirkt zugleich, daß die Niederwälder, trotz ihres ungleich rascheren Lodenwuchses, die Bodenkraft weit weniger nur zu erhalten, geschweige denn zu erhöhen vermögen, als Hochwälder. Denn bei den öfters wiederkehrenden

Kahlschlägen wird die Laub- und Humusdecke des nackten Bodens der freien Einwirkung der Winde und Sonne blosgestellt und dieser grose Uebelstand noch weiterhin dadurch gesteigert, daß mit der fortschreitenden Ausmagerung des Bodens auch zugleich der Bestandsschlus abnimmt, zumal wenn eine fleisige künstliche Nachhilfe unterbleibt *). Am frühesten und grellsten treten diese nachtheiligen Folgen bei solchen Holzarten hervor, deren Wurzelstöcke nicht sicher und nachhaltig ausschlagen, wie Birken und Rothbuchen, oder deren Loden sich anfangs langsam entwickeln und somit den Boden nicht zeitig genug schützen, wie die Roth- und Hainbuche, so wie überhaupt da, wo der Lodentrieb nicht durch einen kraftvollen und frischen Boden unterstützt wird. In allen diesen Fällen ist die Beimischung einer sicher und rasch austreibenden Holzart von wesenlichem Nutzen für das nachhaltige Gedeihen des Hauptbestands und deshalb auch die natürliche Ansiedelung weicher Laubhölzer und besserer Sträucher in solchen Schlägen, so bald man von ihnen den edleren Bestand nur nicht übermannen läßt, was man so einfach verhindern kann, keineswegs eine so unerfreuliche Erscheinung, als man so gemeinhin annimmt. Auser dem wohlthätigen Schutz, den sie gewähren, helfen sie zugleich den Hauptertrag sehr merklich steigern. Aber selbst bei Holzarten mit reichlichem Lodentriebe und rascher Entwickelung der Ausschläge zeigen sich sonst angemessene Beimischungen als vortheilhaft, wenn gleich nicht in gleichem Maase, wie bei Hochwäldern, wogegen aber auch bei Niederwäldern die Zahl der zulässigen Mischarten weit gröser ist, selbst, bei nicht sehr hohen Umtrieben, auf die höheren Straucharten

*) Wir brauchen wohl kaum zu erinnern, daß wir hierbei gewöhnliche Standorte vor Augen haben, wie sie unsere Wälder meist einnehmen. Daß auf sehr fetten Böden, wie z. B. schlammführenden Ueberschwemmungen ausgesetzten Stromniederungen 2c, die Niederwälder bei gutem Schlusse und Wachsthume sehr lange ausdauern können, wird wohl Niemand verabreden wollen.

ausgedehnt werden kann. So gewinnt z. B. die schnellwüchsige Eiche in Gesellschaft der Hainbuche und noch mehr der Hasel ein sichtlich besseres Gedeihen, welches sich in Schälschlägen mit auf die Dicke (und Güte) der Lohrinde erstreckt. In den Hackwäldern findet die Benutzung des Bodens solcher Mischbestände zur Fruchtzucht willige Liebhaber und zu höheren Pachtpreisen, während der mit reinen Eichen (oder Birken), wenn auch gut bestandene, Boden oft nicht einmal bei unentgeltlicher Ueberlassung zur Röderung begehrt wird. Uebt doch schon der Nachwuchs der Besenpfrieme oder Heide und deren Erhaltung oder Wegnahme zu Stallstreu einen sehr merklichen und allgemein bekannten Einflus auf die Produktivkraft des Hackwaldbodens aus!

Unter den an sich zulässigen mannigfachen Mischungen der Niederwaldbestände, vornweg der mit höherem Umtriebe behandelten, werden sich immerhin diejenigen vorzugweise empfehlen, in welchen bodenbessernde Holzarten und solche mit raschem Lodenwuchse vorherrschen. Dabei verdienen viele nützliche höhere Straucharten eine grösere Berücksichtigung, als sie an den meisten Orten noch gefunden haben, namentlich solche, welche dem Gewerbfleise neue Nahrung darbieten, wie Cornus masc., Prunus Mahal., Rhamnus cathart., Evonymus europ., Viburnum Lant., Cytisus Laburn. et alpin., Hippophaë rhamn. etc. und da, wo vortheilhafter Absatz an Weinpfählen in Aussicht steht, Robinia pseudoacc.

Selbst schnellwüchsige und wenig verdämmende Nadelhölzer, wie Kiefern und Lärchen, lassen sich in Niederwälder mit nicht zu niederen Umtrieben mit grosem Vortheile einsprengen. Sie tragen nicht nur zur Erhöhung des Masseertrags ansehnlich direkt bei, sondern auch zur Kräftigung des Bodens, besonders wenn man das schwache Nadelreisig auf dem Schlage zerstreut zurückläßt, damit es die Laubdecke gegen Winde ꝛc. schütze. In den nur mit 14—16jährigem Turnus bewirthschafteten Hackwäldern des Odenwalds wird nicht selten Kiefernsamen künstlich eingesprengt und man gewinnt schon bei diesem niederen Umtriebe vieles Nadelprügelholz, welches als Kohlholz bei den dasigen Hütten- und Hammerbesitzern guten Absatz findet. Noch höher wäre der Ertrag, wenn man schon 2—3jährige Kiefernpflanzen mit Hohlbohrern in die frisch gehauenen Schläge und etwas lichter einsetzte oder wenn der Umtrieb etwas höher gesetzt werden könnte.

IV. Mischungen in Mittelwäldern.

Es bedarf keiner Erwähnung, daß beim Unterholze dieselben Mischarten statthaft seien, wie in Niederwäldern. Nur sind hier die lichtliebenden Hölzer um so weniger an ihrer rechten Stelle, je gröser die Menge des übergehaltenen Oberholzes, je höher seine Umtriebszeit, je magerer und trockener der Boden ist.

Das Oberholz findet man in älteren Mittelwäldern meist aus mancherlei Baumholzarten zusammen gesetzt, weniger in Folge spekulativer Berechnungen, als vielmehr, weil an den Stellen, wo Laßraidel überzuhalten waren, zufällig gerade diese oder jene Holzart in brauchbaren Exemplaren sich vorfand. Sehr häufig könnten aber weit einträglichere Hölzer, insbesondere auch solche, welche werthvolle Früchte tragen, mit grosem Vortheile hier angezogen werden, wenn man sich nicht blos mit dem, was der Zufall gerade bietet, begnügen, sondern künstliche Anpflanzung wählen wollte. Hat man doch in manchen Gegenden, wie in den Mittelwäldern an der Niederelbe, den Obstbau, und zwar in veredelten Stämmen, mit bestem Erfolge eingeführt. — Sehr mit Unrecht, wie es uns dünkt, versagt man den Nadelhölzern eine Stelle im Mittelwalde. Darin, daß ihnen die Wiederausschlagfähigkeit abgeht und daß daher das Nadeloberholz durch seinen Samenabwurf die ausgehenden Ausschlagstöcke nicht zu ersetzen vermag, liegt sicher kein triftiger Grund zu seinem Ausschlus. Die natürliche Nachzucht durch das Oberholz in Mittelwäldern ist überhaupt nicht hoch anzuschlagen, es seie denn bei sehr unvollkommenem Unterwuchse. Steht dieser aber so geschlossen, wie er sollte, so kommt der, — zumal vor und nach dem Abtriebe des Unterholzes sich ansamende — Kernwuchs zwischen den schnellwüchsigeren Stockloden selten fort, vornweg nicht bei höheren Umtrieben. Der Ersatz versagender Ausschlagstöcke geschieht deshalb hier, wie in Niederwäldern, am zweckmäsigsten durch Pflanzung schon stärkerer Laubstämmchen, deren Schaft man zuvor 1—2 Zolle oberhalb der Wurzeln abnehmen kann (Stöpfelpflanzen); man hat dann auch freie Auswahl der Holzart und kann zugleich schon für die künftige Ergänzung des Oberholzes vorsorgen. — Das Nadeloberholz übertrifft die Laubhölzer darin, daß es in freiem Stande verhältnismäsig höhere und gerädere Schäfte bildet, besonders Fichten, Tannen und Weymouthskiefern, auch Lärchen auf vor starkem Windzuge, besonders Westwinden, geschützten Stellen (am wenigsten die gemeine Kiefer); und daß es die einmal abgenommene untere Beastung nicht reproduzirt, weshalb seine verdämmende Wirkung sich bequemer ermäsigen läßt.

Nur ausgeschneidelte Lärchen treiben häufig neue Schaftloden — wohl meist nur aus schon vorhandenen Blattknospen, bei denen die Zweigentwickelung unterdrückt geblieben war. — An einem anderen Orte (in seiner Waldertr. Regelung S. 28) machte der Herausg. bereits Vorschläge zu einer zweckgemäseren Vertheilung und Anzucht des Oberholzes in Mittelwäldern.

§. 5. — Anlage, Unterhaltung und Erziehung der Mischbestände.

Da es unsere Absicht nicht ist und sein kann, diese reichhaltige Materie völlig zu erschöpfen, weil wir ja sonst fast eine vollständige Waldbaulehre liefern müßten, so begnügen wir uns hier blos mit der Hervorhebung einiger der wichtigeren Punkte, welche entweder noch weniger bekannt sind oder doch bei dem praktischen Betriebe geringere Beachtung gefunden haben.

I. In Betreff der An- und Nachzucht der Mischbestände.

Sollen entweder ganz fehlende oder dermalen nur in reinen Beständen vorkommende Holzarten zu einer nachhaltig-jährlichen Nutzung in Mischbeständen angezogen werden, so ist vor allem nöthig, daß die Hauptbestandsart, in welcher die Mitanzucht geschehen soll, die erforderliche Ausdehnung besitze, die den ein= zusprengenden Holzarten zusagenden Standortsverhältnisse darbiete und die zur jährlichen Nachhaltnutzung erforderliche Schlagreihe und Holzalter=Stufenfolge entweder schon enthalte oder daß sich solche doch für die Folge einrichten lassen. Es ist ferner nöthig, daß die beabsichtigte Untermischung innerhalb einer nächsten Um= triebszeit in allen dazu bestimmten Verjüngungschlägen auch wirk= lich vollzogen, dieser Vollzug nicht etwa dem blosen Zufalle und der unbeschränkten Willkühr der Forstbeamten anheim gegeben, sondern daß in den Waldertragsregelungen die desfallsigen Be= stimmungen getroffen, ihre nachhaltige Befolgung überwacht, und daß zugleich für das zur Anlage und Unterhaltung der Misch= arten benöthigte Kulturmaterial, namentlich für die Anzucht der hierzu erforderlichen Pflänzlinge, jederzeit gehörige Vorsorge be= thätigt werde. Endlich dürfen reine Bestände aus solchen Holz= arten, welche inskünftige in Mischbestände verwiesen werden sollen, nur in dem Grade aufgegeben resp. in andere Holzarten umgewan= delt werden, in welchem die schon vollzogenen Mischungen die Aussicht gewähren, daß aus ihnen demnächst die Abgabe der betreffenden Holzart nachhaltig geschehen könne.

Wie wir schon oben sahen, kommt bei den meisten Mischun= gen — vornweg bei bleibenden und in Hochwäldern — vieles darauf an, daß die bodenbessernde Bestandsart durchaus vorherrsche und zwischen ihr die beizumischenden Holzarten eine vereinzelte Stel= lung erhalten. Das richtige Maas und die Gleichförmigkeit der Untermischung spricht besondere Aufmerksamkeit dann an, wenn mehre an Schnellwüchsigkeit und Lichtbedürfnis ungleiche Holz= arten zugleich eingesprengt werden sollen. Bei der natürlichen Wiederverjüngung von Hochwaldmischbeständen wird jenes Maas und die Mischung=Gleichförmigkeit nur selten nach Wunsch sich erzielen lassen; wohl aber dann mit möglichster Sicherheit, wenn man die Mischung auf künstlichem Wege besorgt. Wir haben deshalb auch gerathen, die natürlichen Samenverjüngungen nur mit Rücksicht auf die Hauptbestandsart vorzunehmen, die ihr beigemischten Holzarten schon beim Vorhiebe oder doch bei der Samenschlagstellung, so weit thunlich, auszuhauen, um ihre freithätige Ansiedelung ganz zu verhüten, und ihre künstliche Nachzucht bis zum Abtriebe der Mutterbäume zu verschieben. Ausnahmen von dieser Regel gestatten jedoch solche aus zweien rein geselligen und im Höhewuchse und Umtriebe einander gleichen Holzarten zusammengesetzte Hochwaldbestände, wo es wenig oder nicht darauf ankommt, ob diese oder jene Holzart stellenweise vorherrsche oder auch ganz rein auftrete, wie z. B. Mischbestände aus Fichten und Tannen.

Bei den künstlichen Mischungen geben wir in der Regel der Pflanzung den Vorzug vor der Saat, wiewohl letzte in manchen Fällen ganz an ihrem Platze ist, namentlich wenn, wie bei vorübergehenden Mischungen, die Stärke und Vertheilung der Mischung von untergeordneter Bedeutung und der Same wohlfeil oder gar umsonst zu haben ist; z. B. wenn eine schnellwüchsige Holzart, wie die Birke, zum Schutze einer reinen Eichensaat oder zur Vornutzung einem Buchenabtriebsschlage beigemischt oder wenn unter einem älteren reinen Eichenbestande eine bodenschützende Holzart (§. 4. I. 4. S. 66 ff.) angezogen, oder wenn ein Kiefernbestand in Laubholz oder ein Laubbestand in Fichten oder Tannen umgewandelt werden soll rc. Dagegen müssen wir, gestützt auf mannigfache Erfahrungen, von dem so häufig beliebten Verfahren: — Mischbestände von edlen Laubhölzern, wie Eichen, Ahorne, Eschen, Rüstern rc mit der Buche, durch Einsprengen von Samen jener Hölzer in Buchen-Samen- und Lichtschläge herzustellen, — ernstlich abmahnen. Auch wir haben es seit mehr als 25 Jahren zu verschiedenen Zeiten und auf günstigsten Standorten mehrfach versucht und es noch öfter von anderen Amtsgenossen versuchen sehen — wiewohl fast immer mit schlechtem Erfolge. Denn keimen auch die Samen nach Wunsch auf und zeigen selbst die

Pflänzchen in den ersten Paar Jahren einen guten Wuchs, so verliert sich dieser unter dem Schirme der Buche doch wieder sehr bald; bei weitem die grösere Mehrzahl der Pflänzchen geht noch vor Beginn des Abtriebsschlags ein, während der bis dahin kümmerlich ausdauernde kleine Rest späterhin von dem Buchenaufschlage überwachsen wird und in günstigstem Falle der ersten Durchforstung anheim fällt, so daß der beabsichtigte Zweck in der Regel ganz verfehlt wird oder doch der geringe Erfolg in keinem günstigen Verhältnis zu den aufgewandten Mitteln steht. Eine noch so sorgfältige Bearbeitung der Saatstellen, das Beifüttern von Humus 2c führt gewöhnlich ebenso wenig zum Ziele, als wie die Verschiebung der Saat bis zum völligen Abtriebe der Mutterbäume, wo zwar der verdämmende Einflus der letzten wegfällt, dagegen aber auch der Buchennachwuchs einen noch gröseren Altervorsprung gewinnt und nachgehends jene Hölzer dennoch übermannt. Weit sicherer und selbst wohlfeiler erreicht man den Zweck durch Einpflanzen von anderwärts angezogenen, hinlänglich starken Stämmchen, wenn man jenes bis zum Abtriebsschlag verschiebt, wo mit dem Oberstande zugleich die Gefahr seiner Verdämmung, Fällung 2c verschwunden ist. Bei der Pflanzung hat man das richtige Maas und die gehörige Vertheilung der Mischung nach Beschaffenheit der Holzarten völlig in seiner Gewalt, kann durch die Wahl stärkerer oder schwächerer Pflänzlinge auf Ausgleichung eines verschiedenen Höhewuchses der zusammengesellten Holzarten einwirken und zugleich dadurch, daß man die Pflanzstellen auf holzleere Stellchen und ausgeglichene Stockkauten verlegt, die eingesprengten Hölzer gegen spätere Unterdrückung noch sicherer stellen. Die gehörige Vertheilung der Holzarten ist schon in der einfachen Art herstellbar, daß man die über die einzuhaltenden Pflanzweiten zuvor instruirten Pflanzer, je 2 zusammen, in angemessenen Entfernungen von einander in einer Reihe am Schlagrande anstellt, jedem mit den nöthigen Werkzeugen versehenen Pflanzerpaar nur Setzlinge von einer Holzart zutheilt, die

Leute den Schlag in Wechselstreifen durchziehen, die Flügelgränzen mit Stäben bezeichnen läßt ꝛc; wobei ein stellenweise dichteres oder lichteres Einpflanzen einer oder der anderen Holzart, wenn solches nach Beschaffenheit des Standorts ꝛc räthlich erscheinen sollte, ganz gut möglich ist. Zum Einfüllen humusreicherer Erde in die Pflanzkauten bei ballenlosen Setzlingen bieten dergleichen Schläge bequeme Gelegenheit dar. Das für das Anschlagen so höchst wichtige (und dennoch so oft vernachlässigte) stete **Feuchterhalten** der W u r z e l n b a l l e n l o s e r P f l a n z e n in der Zwischenzeit ihrer Aushebung und Einpflanzung kann nicht genug empfohlen werden. Holzarten, welche nicht so sicher anschlagen oder denen späterhin Gefahren drohen, wie z. B. den Nadelhölzern durch das Fegen der Rehböcke und Hirsche *), sprenge man etwas reichlicher ein. Erhalten sich mehr Stämmchen, als man verhoffte, so läßt sich das Uebermaas späterhin (bei den Ausjätungen und Durchforstungen) ja leicht wieder entfernen.

Ein d i c h t e r Stand der Ausschlagstöcke in N i e d e r- und M i t t e l w ä l d e r n ist bekanntlich nicht vortheilhaft, am wenigsten in mit niederem Umtriebe behandelten Eichen-Stockschlägen, welche mehr Prügel- als Reisholz und zugleich eine recht markige Lohe abwerfen sollen. Berücksichtigt man bei der n e u e n Anlage

---

*) A s t a r m e, schlanke und weichrindige Stämmchen sind dem Verfegen vorzugweise ausgesetzt, was der Herausg. schon in seiner frühen Jugend erfahren mußte, als er in einem Sommer einen verwachsenen Birspfad durch eine Kieferndickung mit dem Hirschfänger etwas auslichtete. Bald darauf waren die nach der Wegseite entästeten Randstämmchen alle, ohne Ausnahme, vom Wilde verschlagen. Drum hüte man sich, höhere P f l ä n z l i n g e und vornweg Nadelhölzer stark auszuästen. — Uebrigens läßt sich die Gefahr des Verfegens von edlen Holzarten einfach dadurch abwenden, daß man in junge Laubbestände natürlich angeflogene und etwas vorgewachsene abkömmliche Nadelstämmchen und weichen Laubhölzer mit dem Messer hoch hinauf ausschneidelt oder in deren Ermangelung Saalweiden oder Pappeln durch Steckreiser daselbst anzieht und dann ebenso behandelt. Beide Mittel wurden vom Herausg. jedesmal mit dem erwünschtesten Erfolge angewandt.

solcher Stockschläge auf Blösen ꝛc die angemessene Entfernung der Stöcke durch lichtere Saat oder Pflanzung, so steht neben merklich geringeren Abtriebserträgen in den ersten beiden Umtrieben auch eine Ausmagerung oder Verwilderung des Bodens zu besorgen. Beidem kann man durch reichliche Beimischung von weichen Laubhölzern oder auch von Kiefern oder Lärchen begegnen und zwar ohne alle Gefährdung des Hauptbestands, wenn man die beigesellten Hölzer in dem Maase allmählig wieder aushauen läßt, daß sie dem Hauptbestande nicht nachtheilig werden können. Am zweckmäsigsten geschähe aber wohl die Anlage dieser (so wie der meisten übrigen) Niederwälder durch regelmäsige, wenn auch nur durch Reihen-Pflanzung 6—12jähriger, etwas über den Wurzeln abgeworfener oder sogenannter Stöpfelpflanzen. Die regelmäsige Vertheilung der Ausschlagstöcke, wie sie die Pflanzung allein möglich macht, nutzt in mehrfacher Hinsicht. Die Stöcke erhalten einen gleichen Boden- und Luftraum, das richtige Maas der ständigen Beimischung einer anderen Holzart (z. B. der Hasel unter Eichen) läßt sich genau einhalten und — was wir recht hoch anschlagen — auch für die Folge besser erhalten, weil eingehende Stöcke der Hauptbestandsart sogleich in die Augen fallen und den Forstmann an schleunige Nachbesserung mahnen müssen. Die gleichbreiten leeren Zwischenstreifen begünstigen einen sachgemäsen, dem Wiederausschlag förderlichen, Abtrieb der Loden und eine unschädliche Holzaufarbeitung und Rindenernte, so wie eine den Stöcken am wenigsten nachtheilige Herausschaffung beider Ernten aus dem Schlage, zumal wenn diese, wie an steilen Bergwänden, auf Schlitten geschehen muß. Noch gröseren Vortheil gewähren diese Zwischenstreifen in Hackwäldern, sowohl für ein unschädliches Schmoren und Sengen des Bodenüberzugs und zurückgelassenen Reisholzes, als auch für eine bequemere und minder nachtheilige Bodenbearbeitung zur Fruchtzucht, zumal wenn man hier den Streifen eine grösere Breite gibt und dafür die Ausschlagstöcke in ihren Reihen etwas näher zusammenrückt. Diese Zwischenstreifen kann man um so unbedenklicher zum Einsprengen weicher Hölzer benutzen, als diese in dem Grade, wie sie den benachbarten Stockloden nachtheilig zu werden drohen, ohne besondere Beschwerde sich wieder aushauen lassen *).

Wie der Herausgeber schon an einem anderen Orte (W. E. Regelung S. 28) bemerkt hat, geschähe auch die An- und Nachzucht des Oberholzes in Mittelwäldern am vortheilhaftesten durch künstliche Anpflanzung und zwar ebenfalls in einer doppelten, sich rechtwinkelig kreuzenden, Reihenordnung mit klassenweiser Vereinigung des Oberholzes.

Wenn wir nach vorstehendem bei der Gründung und Unterhaltung der Mischungen der Pflanzung im Durchschnitt den Vorzug von der Saat geben, so wolle man uns doch ja nicht den vermeintlichen gröseren Kostenaufwand bei jener Kulturart entgegen halten. In der That bleiben — zieht man nur den Gewinn aus dem Altersvorsprung der Pflänzlinge und ihrem sichereren Anschlagen und die Vortheile einer möglichst gleichen Vertheilung der Pflanzen mit in Rechnung — die Pflanzkosten hinter den Saatkosten in den meisten Fällen merklich zurück, so bald man nur die häufig beliebten, zwecklosen und dabei kostbaren Künsteleien und Spielereien bei der Anzucht der Setzlinge und ihrer Weiterverpflanzung unterläßt und bei dem Waldbaue sich allgemeiner daran gewöhnt, das uralte Prinzip der Landwirthe

*) Der Verf. lies im J. 1834 im östlichen Odenwalde zwei beträchtliche, zu Eichenschäl- und Hackwald bestimmte, Blößen (auf buntem Sandsteine) mit 9jährigen Eichenstöpfelpflanzen in 8 Hess. Fus weitem Verbande besetzen und zwischen je 2 dieser Pflanzen eine 2jährige Kiefer mit dem Hohlbohrer einpflanzen. Die Kulturen stehen ganz nach Wunsch. Die Eichen hielten bis jetzt gleichen Schritt mit den Kiefern, und letzte würden jetzt schon einen ansehnlichen Ertrag an Prügelholz abwerfen, wiewohl es räthlicher sein dürfte, bei demnächstigen Abtrieb der Eichen (zu Stockschlag) die zwischen ihnen stehenden Kiefern nur von unten auf etwas entasten und so einen weiteren Umtrieb (von 15 Jahren) stehen zu lassen.

und anderer Gewerbsleute mehr zu beherzigen: — daß man nämlich bei der Wahl der Mittel auch ihren wirthschaftlichen Effekt zu Rathe ziehen müsse, — und überhaupt den Reinertrag der Wälder weniger als Nebensache zu betrachten *). — Seine auf Erfahrung gestützten Vorschläge zu einer wohlfeilen Anzucht der Holzsetzlinge wird der Herausgeber in dem nächstfolgenden Aufsatze niederlegen. — Wo die Holzhauer akkordmäßig verbunden sind, die Stockkauten der ausgegrabenen Mutterbäume in Hochwaldschlägen unentgeltlich auszugleichen und mit Holzstämmchen zu bepflanzen, hat man Gelegenheit, die Pflanzkosten für das Einsprengen anderer Holzarten fast ganz zu ersparen, Nur verschiebe man die Vornahme bis zum Abtriebsschlage. — Die wohlfeile Ausführbarkeit sehr ausgedehnter Pflanzkulturen zeigen die deutschen Gebirgsländer, wie der Thüringer, Harz- und Schwarzwald, da, wo die Nadelbestände mit Kahlschlägen behandelt und diese sogleich wieder bepflanzt werden.

II. Erziehung der Mischbestände.

Da diese im wesenlichen ganz dieselbe ist, wie bei reinen Beständen, und die wenigen Abweichungen, welche Mischbestände veranlassen, gröstentheils schon oben gelegentlich eingeschaltet wurden. so bleibt hier nur noch weniges zu bemerken, insbesondere über die Beseitigung oder Minderung der verdämmenden Wirkung eingesprengter schnellwüchsigerer Holzarten.

1) Schnellwüchsigere Hölzer, wie Birken, Aspen, Saalweiden rc, welche sich von selbst in junge Nadelbestände

*) Derartige, nicht etwa versuchsweise, sondern gleich Anfangs in grosem Maasstabe angelegte, an sich kostspielige und durch unpraktischen Vollzug noch weiter vertheuerte Pflanzkultur-Tändeleien sieht Herausg. nun schon Jahre lang, trotz des ungünstigen Erfolgs, beharrlich fortgesetzt werden — zudem in den Waldungen von Communen, deren pecuniäre Lage dergleichen unfruchtbare Experimente am wenigsten gestattet, und an einem Orte, wo die Einhaltung eines rationellen Holzkulturbetriebs noch aus anderen Gründen geboten ist.

eingedrängt haben, dulde man in diesen nicht, sondern suche sie frühzeitig gänzlich zu verdrängen, seie es durch Ausraufen zu einer Zeit, wann der Boden stark durchnäßt ist, oder durch (nöthigenfalls wiederholtes) Ausschneiden mit Kneipen ɩc. Die Kosten dieser Maasregel werden jedoch meist nur da durch die Holzausbeute wieder gedeckt, wo man das Holz zu Flechtruthen, Besenreisig, Reifen ɩc oder auch im belaubten Zustande zu Futterlaubwellen für Schafe und Ziegen vortheilhaft absetzen kann. Im letzten Falle verschiebe man das Ausjäten des weichen Laubholzes bis in den Juli, weil dann seine Blätter und jüngsten Triebe am nahrhaftesten, die Nadelholztriebe dagegen schon mehr verholzt sind, auch die Laubstöckchen dann nicht so reichlich und kräftig wieder ausschlagen.

In Laubhochwaldbeständen von Buchen, Eichen ɩc beeile man den Aushieb der weichen Laubhölzer nur da, wo sie in größeren Horsten entweder ganz rein oder doch zu gedrängt vorkommen und nur in so weit, um auf solchen Stellen die Hauptbestandsart noch nachpflanzen zu können oder um dem edleren Unterwuchse Luft zu machen. Auch vereinzelt stehende weiche Laubhölzer, wenn sie einen zu starken Vorsprung in der Höhe haben, setze man im Abtriebsschlage oder später auf die Wurzel zurück, damit sie wieder ausschlagen und die Loden den Hauptbestand noch einholen. — Den regelmäßigen allmäligen Wiederaushieb des Weichholzes beginne man mit der ersten Durchforstung und verfolge ihn bei den weiteren Durchforstungen in dem Grade, in welchem die Weichhölzer dem Unterstande nachtheilig zu werden drohen oder selbst im Zuwachse nachlassen oder ihre technische Nutzbarkeit erlangt haben. Die gewöhnlich nicht lange ausdauernden Saalweiden entferne man am frühesten. Wäre der rechte Zeitpunkt der Aushiebs versäumt worden und zu besorgen, daß nach seiner Vornahme der wegen Mangel an zureichendem Lichtgenusse ɩc schwank gebliebene Unterwuchs sich umbiegen werde, so gehe man nur durch allmählige Auslichtung zum völligen Abtriebe über und helfe nöthigenfalls bei einzelen stark und dicht bekronten Oberständern dadurch nach, daß man vorerst nur ihre Kronen auslichtet und die Stämme selbst einige Jahre später, sobald der Unterstand grösere Selbstständigkeit erlangt, nachhaut. Die letzte Maasregel wird jedoch gewöhnlich nur bei der Aspe, seltner bei der lichtkronigen Birke, Kiefer oder Lärche nöthig. Bei erster läßt sich derselbe Zweck auch dadurch erreichen, daß man solche Aspen nahe am Boden ringelt, d. h. einen handbreiten Rindenstreifen rund um den Stamm bis auf das Holz wegnimmt. Diese Stämme grünen, besonders an feuchten Stellen, oft noch viele Jahre fort, treiben aber nur eine schwache Belaubung, welche dem Unterstande das zu seiner besseren Erstarkung nöthige Maas von Licht, Regen und Thau reichlicher zufliesen läßt, während ihm unterdeß die übergehaltenen Aspen noch zur Stütze dienen. — Daß bei den ersten Durchforstungen zugleich das etwa vorhandene Uebermaas anderer eingesprengter Hölzer vermindert und bei den späteren Ausläuterungen der Aushieb solcher Holzarten, welche den Turnus des Hauptbestands nicht abhalten, vorgenommen werden müsse, braucht wohl kaum erwähnt zu werden.

Auf den wohlthätigen Schutz, welchen die weichen Laubhölzer in Niederwäldern in den ersten Jahren nach dem Abtriebe dem Boden gewähren, haben wir schon oben hingewiesen. Sollten sie späterhin dem (zumal mit hohem Umtriebe behandelten) Hauptbestande durch Verdämmung nachtheilig zu werden drohen, so ist auch hier dem leicht dadurch vorzubeugen, daß man das Weichholz 6—8 Jahre nach dem Abtriebe des Schlags nochmal auf die Wurzel zurücksetzt.

2) Die in Buchenhochwaldbestände für die Dauer des Umtriebs eingesprengten und vorwachsenden Fichten und Tannen bedürfen einer Ausschneidelung ihrer unteren Beastung, theils um ihre verdämmende Wirkung auf den Unterstand zu mindern, theils um glattschaftigeres und astreineres Nutzholz zu erziehen. Die erste Schneidelung kann bis zur ersten Durchforstung, falls diese

nicht sehr weit hinausgeschoben wird, anstehen und die Operation braucht von da an, wenn man die Entastung etwas hoch an den Stämmen hinauf vornehmen läßt, nur noch 1- höchstens 2mal in Zwischenräumen von 10—15 Jahren wiederholt zu werden. Das Abschneiden der Aeste geschieht am besten mit kleinen Obstbaumsägen oder den sogenannten Fuchsschwänzen und so, daß kurze Aststummel (von etwa 1 Zoll Länge) am Schafte sitzen bleiben, um Harzflus, auch das Beschädigen der Schaftrinde durch die Säge, zu vermeiden.

Die erste Schneidelung kann auch vom Boden aus mit Sägen geschehen, wozu alte abgenutzte Sensen dienen, deren Schneide man zähnig aushauen und deren Ohr man so stellen läßt, daß, wenn man letztes an dem Ende einer hinlänglich langen und leichten Nadelholzstange befestigt, das Sensenblatt einen sehr stumpfen Winkel mit der Stange bildet; die Anwendung des Stoßeisens empfiehlt sich hier weniger.

Der Nutzen der Ausschneidelung des Oberholzes in Mittelwäldern ist längst erprobt.

Wir können diesen Aufsatz nicht schliesen, ohne die angelegentliche Bitte zu wiederholen, daß unsere Fachgenossen dem wichtigen Gegenstande ihre volle Aufmerksamkeit zuwenden, unsere Vorschläge unbefangen prüfen und weiter, als es uns möglich war, vervollständigen und verbessern möchten!

II.

Die Anzucht von Holzpflänzlingen in und außerhalb Forstgärten *).

(Vom Herausgeber.)

(Inhalt: — §. 1. Wichtigkeit des Gegenstands. — §. 2. Anzucht auf ungelockertem Lande im Freien. — §. 3. Anzucht unter Schutzbeständen. — §. 4. Anzucht in Forstgärten.)

§. 1. — Wichtigkeit des Gegenstands.

Die nachhaltige Sorge für einen zureichenden Vorrath an guten Pflänzlingen von den anbauwürdigen Holzarten und in den vortheilhaftesten Pflanzaltern ist unbezweifelt eine der gewichtigsten Aufgaben im Forsthaushalte, wenn gleich sie in vielen — ja man darf sagen an den meisten — Orten wenig beachtet wird. Wer

*) Der nachfolgende Aufsatz wurde zwei Jahre früher niedergeschrieben, als Hr. Oberf. Biermanns zu Höven seine Pflänzlingzucht in gebrannter Rasenasche der Versammlung süddeutscher Forstwirthe zu Darmstadt (1845) mittheilte. Die Ansichten über die Vorzüge dieses Verfahrens sind noch getheilt; auch der Herausg. fand bei seinen damit angestellten Versuchen nur theilweise guten Erfolg. Sollten aber weitere Probeversuche ausweisen, daß die Pflänzlingzucht nach der Biermanns'schen Methode im Allgemeinen sich als vortheilhaft bewähre, so dürften dennoch die hier mitgetheilten erprobten Zuchtverfahren ihren eigenthümlichen Werth behalten.

sich in Wäldern fleisig umgesehen hat, der weiß, wie häufig schon die Ausbesserung solcher lückiger Jungbestände, worin wegen Höhe des Anwuchses nur allein noch Pflanzung zulässig erscheint, entweder ganz unterbleiben muß, weil es zufällig an den dazu geeigneten Setzlingen fehlt, oder doch mit einer minder nützlichen Holzart oder mit zu jungen oder zu alten oder mit sonst übel-beschaffenen Pflanzen vorgenommen wird, weil gerade keine besseren vorhanden sind, oder daß man auch wohl da aufs Gerathewohl hin noch eine Saat probirt, in deren Aufkommen man schon von vornherein gerechten Zweifel setzt. Oft noch empfindlicher wird das Interesse der Waldbesitzer dann verletzt, wenn der Forstwirth seinen Setzlingbedarf zu hohen Preisen und obendrein, eines guten äuseren Anscheins ungeachtet, in schlechter Qualität von Lieferanten ankauft; immerhin fällt ein übeles Licht auf seine Umsicht und Thätigkeit, wenn er ein solches Kulturmaterial von Andern bezieht, was er mit so geringer Mühe und Kosten und in vorzüglicher Güte sich selbst verschaffen kann und dessen Anzucht mit seiner amtlichen Wirksamkeit überhaupt so innig verflochten ist*). — Doch nicht blos in Fällen der obengedachten Art, sondern auch für den Holz-An- und Nachbau im Grosen — wie bei der Kultur von Blösen, bei der Wiederbestellung von Hochwaldkahlschlägen, bei der Rekrutirung versagender Ausschlagstöcke in Niederwäldern, bei dem Holzanbaue auf ständigen Hutwaiden ꝛc — spricht die Pflänzlingzucht rege Sorgfalt an, weil auch hier sehr häufig mit überwiegendem Vortheile die Pflanzkultur an die

*) Ein Ankaufpreis von 6 Kreuzern für 100 Fichtenpflanzen erscheint wohl als ein mäsiger; bei eigener Anzucht kommen aber 1000 Stück nicht einmal einen Kr. zu stehen. Denn 1 Pfd. abgeflügelten Fichtensamens kostet nur 6 bis 12 Kr. und enthält gegen 80000 Körner, woraus, wenn selbst $^3/_4$ davon fehlschlagen, immerhin gegen 20000 Pflanzen erzielt werden können.

Stelle der Holzsaat trit *). — Auf eine andere schlimme Folge der vernachlässigten Setzlingzucht — die dürftige Verbreitung so vieler unserer schätzbarsten Holzarten — haben wir schon in dem vorhergehenden Aufsatze hingewiesen.

Der Forstwirth sollte jedoch seine Vorsorge nicht ausschlieslich nur auf seinen eigenen Bedarf an Setzlingen beschränken. Ihm eröffnet sich hier ein weites, schönes und lohnendes Feld zu einer segensreichen Wirksamkeit über die engeren Gränzen seines Dienstkreises hinaus. Er vor Allen vermag, durch Beschaffung eines wohlfeilen Kulturmaterials, die allgemeinere Verbreitung vieler durch Nutzbarkeit und Nützlichkeit ausgezeichneter Hölzer auch auserhalb der schon bestehenden Waldungen zu fördern, so zur Erhöhung des Wohlstands und zur Verschönerung der Länder beizutragen und nebenbei den pekuniären Vortheil seiner Waldbesitzer direkt und indirekt zu fördern — direkt : durch den Erlös aus dem Verkaufe von Pflänzlingen; — indirekt : durch Abwendung des Schadens, welcher aus der heimlichen Entwendung der nicht zur regelmäsigen Abgabe gelangenden Setzlinge häufig den Wäldern erwächst. — Wie manches Stück Wüstung oder unergiebigen Ackergeländes, zumal im Besitze unbemittelter Landleute, könnte durch Holzkultur für eine höhere Produktion gewonnen werden, wenn ihnen die dazu benöthigten Pflänzlinge zu billigen Preisen (auch wohl ganz unentgeltlich aus den Saatschulen der Staats- und Gemeindewaldungen) überlassen würden, indem der Altersvorsprung der Setzlinge, ihr sichereres Anschlagen, nebst der Möglichkeit, den Kulturvollzug ohne baare Auslagen persönlich unter Beihilfe der Angehörigen vollbringen zu können, dergleichen Privaten mehr zur Pflanzung anreizt, als zur Saat. — Von den vielen Millionen Hecken- und Hüttenstämmchen in Hausgärten, Feldern und Wiesen findet sich, obgleich sie fast alle aus den Wal-

*) Der Herausg. wird in einem der folgenden Hefte die eigenthümlichen Vorzüge der Holzkultur durch Pflanzung noch besonders beleuchten.

dungen entnommen wurden, nur ein verschwindender Theil in unseren Forst-Natural- und Geldrechnungen, etwas mehr leider schon in den Rugeregistern. Durch regelmäsige Anzucht und billige Abgabe von Setzlingen in den zu diesem Zwecke besonders geeigneten Holzarten liese sich eine Verbesserung und Verschönerung der Garten- und Feldhäge, von denen die Mehrzahl, anstatt ihrer Bestimmung zu entsprechen, nur durch ihre Verdämmung und durch die Verbreitung gefährlicher Obstbauminsekten schadet, einleiten, auserdem manche holzfressende todte Umfriedigung abschaffen. — Daß zur Ausdehnung der Seidenraupenzucht in Baiern die dasigen Forstdiener wesenlich mitgewirkt haben durch die von ihnen besorgte Anzucht von Maulbeerstämmchen in Forstgärten, ist bekannt. Warum sollte dieß nicht auch anderwärts geschehen können? — Wie häufig sehen wir die öffentlichen Landstrasen mit an sich werthlosen und nicht einmal durch ein gefälliges Aeusere ansprechenden Baumhölzern besetzt, während doch diesem Mißstande die Forstwirthe so einfach und gründlich abzuhelfen vermöchten. — Auch auf die Verallgemeinerung der Obstkultur könnten sie sehr kräftig influiren, wenn sie in den Waldsaatschulen auf die Anzucht von Obststämmchen — wäre es auch nur von Wildlingen, welche durch Aussaat des beim Keltern des Obstweins zurückbleibenden samenreichen Tresters so leicht gelingt — Bedacht nähmen, um diese Wildlinge sodann zur weiteren Veredlung an Gemeindebaumschulen oder Privaten zu überlassen. Die in minder kräftigem Waldgrunde aufgezogenen Obststämmchen zeichnen sich bekanntlich durch reichlichere Fruchtbarkeit und viel grösere Ausdauer vor denen aus, welche in den zur Beförderung eines recht gailen Wuchses gewöhnlich unmäsig gedüngten Privatbaumschulen der Obstbaumhändler erzeugt und welche später, nach ihrer Versetzung auf gewöhnliches Bauland und in rauhere Lagen, häufig von Brand und Krebs befallen werden oder sich frühzeitig in Wurzelstockloden erschöpfen. — Und warum sollte sich der Forstwirth nicht selbst die Verbreitung mancher nützlicher und schöner Zierbäumchen und Sträucher zum Schmucke der Hofraithen, Gärten, Friedhöfe ꝛc angelegen sein lassen, da die Anzucht und Vermehrung derselben durch Stecklinge, Wurzelloden und Samen so geringe Mühe und Pflege verursacht und an Waldstellen möglich ist, wo der Hauptertrag darunter gar nicht beeinträchtigt wird. In der Nähe gröserer Städte zeigt sich diese Zucht oft recht lukrativ, wenn man selbst die Setzlinge um 50 und mehr Prozente billiger abläßt, als sie die Handelsgärtner verkaufen. —

Man wolle doch ja nicht einwenden, daß derlei Aufgaben dem praktischen Forstpersonale zu viele Zeit rauben und es seinem anderweiten Berufe mehr entfremden können. Aus vieljähriger eigener Erfahrung dürfen wir versichern, daß diese Besorgnis ungegründet seie, daß die Leitung und Ueberwachung der hierzu nöthigen Arbeiten — etwa die erste Anlage von Forstgärten abgerechnet — nur wenige Zeit wegnehme, überdieß fast ausschlieslich von dem darauf instruirten unteren Forstpersonale und unbeschadet seiner laufenden Dienstgeschäfte nebenbei besorgt werden könne. Bei der Förderung so gemeinnütziger Zwecke darf und wird eine wohlgesinnte Forstverwaltung ihre Mithilfe nicht versagen, wenn diese auch mit etwas Mühe verknüpft sein sollte.

Auch der Kosten-Punkt ist untergeordneter Natur, so bald man nur auch hier wieder allen überflüssigen Künsteleien entsagt und nicht blos nach auserordentlichen Effekten hascht. Wer die Pflänzlingzucht ausschlieslich in Forstgärten verwiesen, diese mit kostbaren Umfriedigungen versehen und im Innern lustgartenartig eingerichtet, die Sämlinge in lichter Stellung und durchaus zu stärkeren Heistern erzogen, dabei mehrmal ausgesetzt und jedesmal mit frischem Humus umfüttert, bei trockener Witterung sie einzeln mittelst Gieskannen begossen und überhaupt nach Art und Weise niedlicher Gartengewächse behandelt und gepflegt wissen will — der wird freilich nicht leicht absehen, mit wie wenig man dann auszulangen vermag, wenn man bei der Wahl der Mittel eine genaue Bilance zwischen ihrem Kostenbetrage und den zu hoffenden Erfolgen zu Rathe zieht und nicht um jeden Preis eine nur etwas raschere und vielleicht auch eine etwas sonst bessere vegetabile Entwickelung zu erstreben sucht, sondern sich im Allgemeinen damit begnügt, ein Wachsthum zu erzielen, wie es bei mehr freithätigem Walten der Natur die Holzpflanzen unter günstigen Lokalverhältnissen zu erlangen pflegen. Bei solchen gemäsigteren Ansprüchen stellt sich der Kostenaufwand immer niedrig und mindert sich da noch mehr, wo die erforderlichen Arbeiten durch zahlunfähige Forststraf- und andere Schuldner, Fröhnder rc theilweise oder ganz besorgt werden können.

Die Anzucht der Pflänzlinge kann nun geschehen theils auf ungerodetem, theils auf zuvor gerodetem Boden, und im ersten Falle wieder entweder ganz im Freien oder unter Schutzbeständen. Indem wir diese 3 Hauptfälle durchgehen wollen, beabsichtigen wir auch dabei wieder keine ausführliche Behandlung des Gegenstands, sondern nur eine gedrängte Hervorhebung der unserer Erfahrung nach zu berücksichtigenden Hauptmomente und bitten, bei Beurtheilung des Nachfolgenden diese Bemerkung zu beachten.

§. 2. — Pflänzlingzucht auf ungelockertem Boden im Freien.

Zu dieser wohlfeilen Zucht eignen sich zunächst diejenigen Holzarten, deren Samen keine Bedeckung verlangen und deren Pflänzchen im Freien gut fortkommen, in ungelockertem Lande sich kräftig entwickeln und zum Versetzen mit Ballen bestimmt sind, vorweg beim Auspflanzen in jugendlichem, 2—3jährigem Alter oder bei Finger-Länge, mit Hilfe des Hohlbohrers. Dahin gehören insbesondere die Mehrzahl der Kiefernarten, die Lärche, unter Umständen auch die Fichte, sodann die Erlen und Birken. Zur Saatschule wähle man eine mit (nicht filzigem) Rasen bekleidete und nicht zu hohem Graswuchse geneigte Blöse mit etwas gebundenem (lehmigen), Stein- und Wurzel-freiem und nicht dem Auffrieren unterworfenem Boden und eine, gegen austrocknende

(Ost-) Winde, Sonnenbrand und Spätfröste geschützte Lage. Die Nähe der Kulturflächen verdient wohl einige, aber nicht vorzugsweise, Berücksichtigung, weil von den mit engeren Bohrern ausgehobenen Ballenpflänzchen 6—10000 Stück auf einen mit 2 Pferden oder Ochsen bespannten Wagen geladen werden können, mithin 100 Stück kaum 1 Kreuzer Transportkosten pro Wegstunde veranlassen. Wo kein starker Wildstand vorhanden, genügt schon zum Schutze der Saatschule deren Umgebung mit einem Graben. Wird die Fläche im Frühjahre breitwürfig und etwas dicht besäet, doch so, daß die meisten Pflanzen sich einzeln ausstechen lassen, so liefert ein Morgen die nöthige Pflanzmenge zum Vollbau für 100—150 und mehr Morgen, Falls man die Setzlinge mit 2—3 Zoll weiten Bohrern aushebt und in 4, 5 bis 6 Hess. (3,2—4¾ Preuss.) Fusweite verpflanzt, wobei durchschnittlich etwa 2000 Stück auf 1 Hess. oder Preuss. Morgen zu sitzen kommen. Es bleiben dann auf der Saatfläche immerhin noch mehr als hinlänglich Pflänzchen zur Bildung eines Vollbestands zurück und zwar ohne bemerkbare Störung ihres Wachsthums in Folge des Pflanzenausstichs *). — Um den Samen an den Boden zu bringen, reicht ein mehrtägiges Betreiben der Saat mit einer Schafheerde schon hin; noch besser ists, wenn man die Fläche kurz vor und nach

*) Davon kann man sich leicht überzeugen, wenn man einige □ Ruthen der Saat mit dem Pflanzenausbohren ganz verschont. Man wird auf diesen Stellen kein kräftigeres Wachsthum in der Folge wahrnehmen, als auf den Stellen, welche mit Bohrlöchern wie übersäet sind. Die Bohrlöcher verengen sich bald durch Einwirkung der Winterfröste und füllen sich mit Nadeln, Laub, Moos rc vollends aus. — Auch braucht man, bei dichtem Stande der Pflänzchen, den Bohrleuten nicht besonders anzuempfehlen, die zur Bildung eines Vollbestands nöthige Pflanzenmenge auf der Saatfläche stehen zu lassen; dieß gibt sich ganz von selbst, indem eine jenem Zwecke mehr als genügende Pflanzenzahl dennoch zurückgelassen wird in den Exemplaren, welche theils auf den schmäleren Scheidewänden zwischen den Bohrlöchern stehen und mit vollkommen zilindrischen Ballen nicht ausbohrbar sind, theils im Grase rc übersehen werden.

der Saat mit einer Ackeregge oder einer aus starkästigem sperrigen Reisig gebildeten Strauchegge (beide nöthigenfalls mit aufgebundenen Steinen beschwert) überziehen oder mit eisenzinkigen Handrechen bearbeiten lassen kann. Da die obigen Holzarten schon so frühe ihr vortheilhaftestes Pflanzalter erreichen und solches, mit Ausnahme der Fichte, so bald überschreiten, so erscheint bei ihnen die fortwährende Unterhaltung eines gröseren Pflanzenvorraths, ohne daß ein Bedürfnis hierzu bestimmt vorläge, nicht rathsam. — Was die einzelen Holzarten insbesondere betrift, so lassen sich Pflänzlinge

der gemeinen Kiefer und Lärche selbst noch auf wenig gebundenem Boden anziehen, wenn dieser nur durch Gras- oder Heidewurzeln so weit zusammengehalten wird, daß die ausgehobenen Pflanzbällchen nicht leicht zerfallen. Wäre der Boden mit hoher dichter Heide überzogen, so lasse man diese mit der Hacke abschürfen oder mit starken Sensen (Heidekneipen) abmähen, den über die Fläche gleich vertheilten Abraum einige Wochen welken, dann bei trockenem Wetter anzünden und verbrennen. Es geschieht dieß am besten den Sommer vor der Saat, damit sich der durchs Brennen gewöhnlich aufgelockerte Boden unterdeß wieder setze und die Pflänzchen nicht so leicht austrocknen oder ausfrieren; sonst müßte man dem durch Auftrieb von schwerem Viehe oder durch Ueberwalzen vorbeugen.

Für die Schwarz- und Weymouthskiefer wähle man thunlichst einen frischen Rasenboden, für erste auch eine etwas schattige Lage. — Diese 4 Hölzer werden am wohlfeilsten und sichersten im 2 bis 3jährigen Alter mit 2 Zoll weiten Hohlbohrern versetzt, wiewohl sie sich bekanntlich auch noch späterhin mit Erfolg auspflanzen lassen, die gemeine Kiefer jedoch am wenigsten.

Die schattenliebende Fichte wird am besten unter lichten Laubschutzbeständen angezogen, wovon im folgenden §. mehr. Doch kommt sie auch ganz im Freien gut fort, wenn die Lage nördlich oder nordwestlich und der Boden nicht zum Auffrieren geneigt ist.

In mehr sonniger Lage muß man für künstliche Beschattung sorgen, am wohlfeilsten durch lichtes oder (reihenweises) Bestecken der Saatfläche mit grünen Schnittlingen von Pappeln oder Baumweiden, oder durch Bepflanzen mit bewurzelten Birkenstämmchen. Daß auch ein gleichzeitiges Uebersprengen der Fichtensaat mit Kiefernsamen (mit kaum halber Vollsaat oder 1½ bis 2 Pfund Kiefernsamen pro Hess. Morgen) zum Ziele führe, hat die Erfahrung bestätigt, entgegen der gewöhnlichen Ansicht, welche in der Voraussetzung gründet, daß die Kiefern erst vom 3ten Jahre einigen Schatten gewährten und dieser dann für die gleichaltrigen Fichtchen zu spät käme. Dem ist aber nicht ganz so. Die Fichtchen halten sich auf frischem Boden 4, 5 und oft noch mehr Jahre lang zwischen dem Grase, Moose ꝛc ziemlich gut, wenn auch oft ohne kräftige Entwickelung, und erholen sich plötzlich im Schatten der schnellwüchsigeren Kiefer. Der Herausgeber kennt seit 25 Jahren mehre sehr wohlgelungene Fichtensaaten, welche Hr. Oberförster Huber zu Londorf (Provinz Oberhessen) in dieser Art auf ganz schutzlosen Blösen ausführte, und hat seitdem dasselbe Verfahren öfters und immer mit erwünschtem Erfolge nachgeahmt. Einen etwas kräftigeren Wuchs erlangt freilich die Fichte im Schatten der genannten viel schnellwüchsigeren Laubweichhölzer. Diese haue man aus den auf der Saatstelle verbleibenden Fichten erst dann wieder aus, wenn letzte schon eine Höhe von 4—5 Fuß erreicht haben. Sie ertragen eine lockere Ueberschirmung so lange ganz gut und die Stock- und Wurzelschößlinge des ausgehauenen Weichholzes werden ihnen bei jener Höhe weniger gefährlich. Eingesprengte Kiefern muß man schon früher aushauen oder doch unterhalb ausschneideln.

Für Birken muß der Boden frisch, für Erlen aber feucht sein, ohne zu hohem Gras- und Unkrautwuchse hinzuneigen. — Hat man einzele mannbare Erlen auf Viehwaiden, so braucht man in ihrem Umkreise den Boden nur einzuheegen, um schöne Pflänzlinge in Menge zu erhalten. — Zum Versetzen ohne Ballen bestimmte Erlen erzieht man auch einfach durch Einsaat des frischen und oberflächig etwas verglichenen Erdauswurf aus neu gezogenen Entwässerunggraben an wenig oder nicht beschatteten Stellen.

§. 3. — Pflänzlingzucht unter Schutzbeständen.

Diese Zucht, bei welcher man mit viel geringerem Aufwande an Kosten, Mühe und Zeit gar oft nicht minder gute Setzlinge erzielt, wie in Forstgärten, empfiehlt sich nicht etwa blos für solche Holzarten, welche die Ueberschirmung durch höheres Holz zu ihrem Schutze gegen intensives Sonnenlicht, Spätfröste ꝛc verlangen, sondern auch für fast übrigen Hölzer, welche in ihrer Jugend eine mäsige Ueberschirmung nur noch gut ertragen. Denn auch bei diesen mildern die Schutzbestände die nachtheiligen Wirkungen der Witterungextreme, wie Spätfröste, Hitze ꝛc, die Gefahren des Ausfrierens und der Beschädigungen durch Blattflohkäfer (Erdflöhe, Haltica) ꝛc, und beseitigen die Kosten für Bearbeitung und künstliche Düngung des Bodens, für das Reinhalten von Unkräutern, das Begiesen ꝛc. Alle diese Vortheile können jedoch nur dann im Betracht kommen, wenn nebenbei der Hauptzweck — die Erzeugung normal entwickelter Pflänzlinge — nicht verfehlt wird. Dieß hängt nun ab : einestheils von der Beschaffenheit der Schutzbestände (nach Bestands-Art, Alter und Schlus, nach Boden und Lage), anderstheils auch von der Beschaffenheit der Pflänzlinge selbst (nach Holzart, Alter, Versetzungart ꝛc); viele, ja die meisten Bestände taugen hierzu ganz und gar nicht und solche, unter welchen gewisse Setzlingarten recht gut gedeihen, sagen wieder anderen durchaus nicht zu. Die Erfahrung allein muß hier zur Richtschnur dienen. Die aus dieser Quelle von uns abgeleiteten allgemeinen Anhaltpunkte sind im wesenlichen folgende.

Nadelholzbestände eignen sich vorzugweise, ja fast allein, zur Anlage der Saatschulen von Laubholz, so wie umgekehrt die Nadelholzpflanzen am besten unter Laubholz gedeihen. —

Geschlossene Bestände aus sehr dichtkronigen Holzarten, wie Rothbuchen rc, taugen dazu nicht; die Sämlinge kommen darunter gar nicht fort oder doch nicht zu kräftiger Entwickelung und werden überdieß so verzärtelt, daß sie nach dem Versetzen ins Freie leicht eingehen. Nur etwa die von Lichtungen, Feldern rc begränzten Säume solcher älterer Bestände, in so weit in sie mehr Sonne und Regen seitlich eindringen können, sind noch zu Saatschulen brauchbar. Den Vorzug verdienen jedoch Bestände mit lockerem Baumschlage, mit bleibend frischem, humusreichem, nicht zu festem und nicht mit filzigen Unkräutern überzogenem Boden in sonst geschützten Lagen. Eine bis in den Sommer andauernde Frische des Bodens ist dem Unterwuchse unentbehrlich als Ersatz für die ihm durch den Oberstand entzogenen Niederschläge an Thau und sanften Regen. Nördliche und nordwestliche Lagen und Wände, welche die Bodenfeuchte länger halten, erweisen sich im Durchschnitt am günstigsten. Ein humusreicher und mehr lockerer Boden befördert eine reichliche Zaserwurzelbildung, von welcher ein gedeihliches Anschlagen der Setzlinge, besonders ballenloser, hauptsächlich abhängt. Für Pflanzen, welche mit Ballen ausgehoben und versetzt werden sollen, muß der Boden mehr Bindung besitzen. — Nach diesen allgemeinen Andeutungen wenden wir uns zu den beiden Holzartengruppen selbst.

1) Laubholz-Pflänzlinge erzieht man, wie schon bemerkt, am besten unter Nadelbeständen, vornweg unter Kiefern mit kräftigem, nicht durch Streurechen geschwächtem, vielmehr mit vollkommener Moosdecke bekleidetem, dabei recht frischem Boden, selbst feuchtem (namentlich für Eschen rc) in kühlen Lagen. Bei dem lockeren Baumschlage der gemeinen Kiefer taugen hierzu schon 40—50jährige Bestände, wenn sie, jedoch ohne starke Unterbrechung des Kronenschlusses, tüchtig durchforstet worden sind. Ja die Pflanzen gewinnen hier ein noch kräftigeres Wachsthum, als unter älteren, 60—80jährigen Kiefern, wiewohl letzte zur Anzucht starker Pflanzen vorzuziehen sind. Fast alle Laubhölzer — bis zu

den lichtbedürftigen Eichen, Birken und Kernobstarten herab, gedeihen in solchen Kiefernbeständen vortrefflich; nur mit Rüstern und Erlen war der Erfolg minder günstig, wiewohl der Versuche des Herausgebers mit beiden Holzarten zu wenige sind, um aus ihnen sichere Schlüsse ableiten zu können.

Das Zuchtverfahren selbst ist sehr einfach. Für Pflänzlinge, welche später ohne Ballen versetzt werden sollen, nimmt man die Moosdecke mittelst Handrechen streifenweise weg, besäet die Streifen (nicht gar zu dicht) und bedeckt die Saat wieder mit dem abgenommenen Moose. Dieß genügt sowohl für leichte, als auch für schwere Samen, wie Eicheln, Bucheln. Sind aber die Pflanzen zum Versetzen mit Ballen bestimmt, so bringt man die Samen mehr vereinzelt unter, z. B. so, daß man so viel Moos, als man mit der einen Hand fassen kann, von dem Boden so weit aufzieht, um den Samen mit der anderen Hand unterschieben zu können, und nun das Moosplättchen wieder aufdrückt, was am wohlfeilsten durch Kinder besorgt wird. Wäre aber die Moosdecke sehr stark, so lasse man vor der Saat den Boden durch Hausschweine tüchtig umbrechen und dann den Samen mit dem Fuse oder Handrechen rc unterscharren. Denn die in einer hohen Moosschichte erwachsenen Pflanzen kümmern leicht nach dem Versetzen ins Freie, wenn der vom Moose umgebene Schafttheil oberhalb der Wurzeln nicht wieder dieselbe Umhüllung erhält. Der Umbruch durch Schweine empfiehlt sich auch dann, wenn eine vollkommene Moosdecke (jedoch unbeschadet der Bodenkraft) fehlen sollte. — Die Pflanzen bedürfen in der Regel keiner weiteren Pflege, als die, daß man den Kiefernoberstand fleisig und stark durchforstet, um den Unterwuchs an eine etwas freiere Einwirkung der Atmosphäre zu gewöhnen, was besonders dann räthlich wird, wenn einige Fus hohe Stämmchen erzogen und diese mit ganzem Schafte auf mehr schutzlose Stellen ganz ins Freie versetzt werden sollen, weniger schon bei Stöpfelpflanzen, denen man beim Auspflanzen den Schaft etwas über den Wurzeln nimmt. Doch verzärteln auch die unter sehr dicht stehenden Kiefernbeständen erwachsenden Laubstämmchen weit weniger, als man glauben sollte. Der Verf. sah eine sehr grose Zahl bis 10 Fus hoher Vogelkirschen, welche zwischen ganz dichten und noch nicht durchforsteten Kiefern (worin die Kirschkerne durch Vögel eingebracht worden) aufgewachsen waren, mehre Jahre nach einander in freie rauhe Lagen an öffentliche Strasen verpflanzen und nach Wunsche anschlagen und fortwachsen. Doch möchte er ein solches Verfahren gerade nicht als Regel empfehlen, vielmehr rathen, bei der Anzucht stärkerer Pflanzheister den Kiefernoberstand allmählig immer mehr auszulichten und zuletzt von dem Laubholzunterwuchs die zur Bestandsumwandlung erforderliche Stammzahl auf der Stelle zurückzulassen. — Wo ein starker Rothwild- und Rehstand der Saatschule gefährlich zu werden droht, muß man diese mit einem Flechtzaune umgeben, wobei die in die Zaunlinie fallenden Kiefernstämme die Stelle von Stützeln vertreten.

Für denselben Zweck dienen auch Lärchenbestände. — Eschensetzlinge lassen sich auch in älteren Erlenbeständen erziehen, wenn der Boden nicht von Unkräutern sehr verfilzt ist; selbst unter Rothbuchen an solchen feuchten Stellen, zu denen von der Seite her, wie an Bestandsrändern, mehr Sonnenlicht gelangen kann. An beiden Orten haben wir eine Menge der schönsten Eschenpflanzen erzogen.

2) Nadelholz-Setzlinge — besonders die Schutz und Schatten bedürftigen Tannen und Fichten — ziehe man unter lichten Laubholzbeständen an, wozu sich gewöhnlich vollauf Gelegenheit bietet. Vorzüglich geeignet dazu sind Birkenbestände mit frischem Boden und in kühler Lage. Nur jüngere (12—20jährige) und sehr dichte Bestände der Art bedürfen dazu einiger Auslichtung, wobei man den Ueberflus an Stämmchen, zur Vermeidung von Wiederausschlägen, ausstocken lassen sollte, um so mehr, als auch hierdurch der Boden für die Einsaat des Nadelholzes mehr

empfänglich gemacht wird. Sonst müßte man durch Schweineintrieb, mit Handrechen 2c nachhelfen. Da die Nadelhölzer gewöhnlich mit Ballen versetzt werden sollen, so säet man den Samen breitwürfig aus. Solche meist uneinträgliche Birkenbestände lassen sich bei dieser Gelegenheit in die beiden Nadelhölzer ganz umwandeln. — Auch die Schwarzkiefer gedeiht unterm lichten Schatten der Birke. — Auserdem empfehlen sich zur Zucht der Tannen und Fichten moosige Stellen in Licht- und Abtriebsschlägen der Buchen, Eichen 2c, selbst die von Lichtungen 2c begränzten, nach Norden, Nord-West oder Ost gekehrten Säume älterer geschlossener Laubbestände, in so weit Sonne und Regen freier eindringen können, worauf man auch durch Wegnahme der niederen Beastung an den Randstämmen weiter einwirken kann. Der zurückbleibende Rest an Nadelholzpflanzen dient da zur Bildung eines Schutzmantels, welcher bei der späteren Verjüngung des Laubbestands trefflich zu statten kommt.

§. 4. — Pflanzenzucht in Forstgärten.

Unter Forstgärten versteht man bekanntlich solches zur Anzucht von Holzpflänzlingen bestimmtes Gelände, welches nach Art der Hausgärten gelockert und sonst behandelt, meist auch besonders umfriedigt wird. Je nachdem die Pflanzen bis zur Versetzung an ihren Bestimmungort auf der Saatstelle verbleiben oder vorher noch 1- oder mehrmal im Garten selbst umgesetzt werden, benennt man das Gelände Saat- oder Pflanzschule (oder Kämpe).

Obschon in Forstgärten, bei gehöriger Pflege, aus einer gleichen Samenmenge verhältnismäßig mehr Pflänzlinge sich erzielen lassen, und diese zugleich in dem wohlgelockerten Boden reichlicher, dichter und feiner verzweigte Wurzelstöckchen bilden und dauerhaftere Schäfte erhalten — so können wir dennoch zu dieser Art Pflanzenzucht, als Regel, nur dann rathen, wenn die in beiden vorigen §§ beschriebenen, einfacheren und wohlfeileren Gelegenheiten entweder mangeln oder nicht ausreichen. Sie empfiehlt sich dann hauptsächlich für Setzlinge, welche ohne Ballen verpflanzt werden sollen; zur Anzucht ungenügsamerer Holzarten, welche nur in einem lockeren Boden sich gut entwickeln, wie Rüstern, Ahorne, Eschen, Obststämme, Eichen, Buchen ꝛc; oder solcher, deren Samen sehr theuer oder in zureichender Menge nicht zu haben ist; ferner derjenigen, welche durch Stecklinge, Ableger oder Wurzelloden vermehrt werden sollen; so wie zur Erziehung stärkerer Pflanzheister zur Besetzung von Strasen, Viehwaiden ꝛc. Es ist dann die Aufgabe des Forstwirths, die gröste Menge brauchbarer Pflänzlinge auf kleinstem Flächenraume mit dem geringsten Kostenaufwande zu erzeugen.

Bei der Anlage ꝛc der Forstgärten kommen in Betracht: 1) Die Auswahl des Lokals. — 2) Des Gartens Gröse und Form. — 3) Die Umfriedigung. — 4) Die Bewässerung. — 5) Die innere Einrichtung. — 6) Die Bodenbearbeitung. — 7) Die Aussaat. — 8) Schutz und Pflege der Saatschule. — 9) Behandlung der Pflanzschule. — 10) Die Vermehrung durch Schnittlinge, Ableger, Wurzelloden ꝛc. — 11) Die Behandlung der ausgehobenen Pflänzlinge bis zu ihrer Verpflanzung. Zu jedem dieser Gegenstände wollen wir das Wesenlichste kurz andeuten.

1) Bei der Auswahl des Garten-Lokals sind Boden und Lage zu berücksichtigen.

a) Der Boden soll weder fett noch mager, weder feucht noch trocken, sondern ein guter frischer Mittelboden, dabei mehr sandig und locker (mithin durch Thon oder Talk nicht stark gebunden), auch nicht sehr steinig, nicht seichtgründig und nicht zu starkem Unkrautwuchse geneigt sein. Seine geognostische Abstammung und die desfallsige Uebereinstimmung mit den künftigen Pflanzorten entscheiden dabei weit weniger. — Die auf solchem Mittelboden erzogenen Pflanzen kommen auch auf mehr und minder feuchte und kräftige Stellen versetzt gut fort. — Stark gebundene Böden werden beim Austrocknen zu dicht und fest, reisen auf und verhindern überhaupt eine feine Wurzelverzweigung. — Mangel an Humus läßt sich schon künstlich ersetzen. — Der Ansicht, daß man die Pflänzlinge auf einem seichtgründigen Boden anziehen solle, um die Pfahlwurzelbildung zu unterdrücken, können wir darum nicht beitreten, weil da die Pflanzen gerne austrocknen und ausfrieren. Ein hochliegender Thonuntergrund wirkt am schlimmsten.

b) Bei der Lage sehe man zunächst auf Schutz gegen Sonnenbrand, trocknende Winde, Spätfröste, Wild und Waidvieh und darauf, daß die Gartenränder nicht so bald durch angränzendes höheres Holz überschirmt und verdämmt werden, daß die Lage mehr eben oder doch nicht sehr stark geneigt, auch zur Aufsicht und für die zu gebrauchenden Arbeiter bequem sei. Ihre Gleichartigkeit mit den Pflanzkulturorten kommt dabei weniger in Betracht; nur erziehe man nicht in milden Niederungen Setzlinge für rauhe Hoch- und Freilagen. — Eine etwas grösere Entlegenheit des Gartens von den künftigen Pflanzstellen hat ebenfalls weniger zu bedeuten, weil ballenlose Setzlinge nur geringe Transportkosten veranlassen. — Dagegen ist es sehr ersprieslich, wenn — zur Bewässerung in den trocknen Sommermonaten — fliesendes mildes Wasser durch den Garten geleitet oder doch dazu hinlängliches Sammelwasser aus Regen und Schnee in einem anzulegenden kleinen Teiche aufgefangen oder das Wasser aus einem schon vorhandenen Teiche dazu benutzt werden kann.

2) Gröse und Form des Gartens.

a) Die nöthige Gartengröse hängt nicht blos von der gleichzeitig anzuziehenden Menge, sondern auch von der beabsichtigten Stärke (oder dem Alter) der Pflanzen ab. Sollen letzte nur einige Fus Höhe und diese auf ihrem ersten Stande, in der Saatschule, erreichen, so langt schon ein kleiner Raum für sehr viele Pflanzen aus. Werden aber dieselben, zur Erzielung einer gröseren Stärke, in weitern Abständen nochmal in die Pflanzschule umgesetzt, so bedarf man verhältnismäsig weit mehr Raum, zumal wenn der Garten jährlich nachhaltig dergleichen Stämmchen abzugeben hat. — Wo die Gärten, wie in der Regel, eine dichte Umfriedigung verlangen, vermindern sich die Kosten für letzte, wenn man, statt vieler kleineren, nur einen oder doch wenige gröſere Gärten anlegt; denn mit der Ausdehnung einer Fläche von bestimmter Form wächst deren Umfang nur in einfachem, der Raumgehalt dagegen im quadratischen Verhältnisse. Wenn ein Quadrat von a Fus Umfang nur b □Fus Fläche enthält, so umfassen Quadrate von 2a, 3a, 4a ꝛc Fus Umfang schon 2^2b, 3^2b, $4^2b = 4b$, 9b, 16b ꝛc Fläche und es kommen in den 3 letzten Fällen auf die Flächen-Einheit (□Fus, Ruthe ꝛc) nur $\frac{1}{2}$, $\frac{1}{3}$, $\frac{1}{4}$ ꝛc so viel Umfangslinie (mithin auch Umfriedigungkosten), wie im ersten Falle. Es empfiehlt sich deshalb, da, wo der Waldbesitz sehr getheilt ist, die Eigenthümer (Gemeinden, wie Privaten) zur Anlage und Unterhaltung gröserer Gärten auf gemeinschaftliche Kosten zu bestimmen, doch nur in so weit, als darunter eine bequeme Aufsicht und Beschäftigung disponibeler Frohndarbeiter oder Forststräflinge ꝛc nicht Noth leidet und einzele Forstschützen nicht überlastet werden.

b) Die äusere Form des Gartens verdient gleiche Beachtung. Die Kreisform ist bekanntlich die, bei welcher der kleinste Umfang den grösten Raum umschliest. Doch kann man schon mit der Quadratform, wiewohl sie 12—13 Prozent mehr an Umfang anspricht, zufrieden sein. Dagegen sollte man zu viel längeren als breiten Rektangeln nur in Nothfällen seine Zuflucht nehmen. Ein Quadrat von 100 (z. B. Fusen, Ruthen) Seitenlänge, daher von 400 Umfang, faßt $100 \times 100 = 10000$ Flächenraum; ein langgezogenes Rektangel von ebenfalls 400 Umfang, worin jedoch die 2 längeren Seiten zusammen 360, die 2 kürzeren

40 messen — hält nur 360 : 2 × 40 : 2 = 3600. mithin fast ⅔ oder 64 Prozent weniger Raum *).

3) Eine Umfriedigung des Gartens ist schon wegen der schädlichen Hasen meist unentbehrlich, wenn auch von höherem Wilde und Waidvieh keine Gefahr droht. Die Umziehung mit einem Graben und einer auf dessen Auswurf gepflanzten Hecke genügt in der Regel nicht, sondern nur eine dichtere Einfassung. Diese kann da, wo grösere und passend geformte Lesesteine in der Nähe sich vorfinden, durch Errichtung einer Trockenmauer mit zwischengeschichtetem Moose am dauerhaftesten und dabei oft ganz wohlfeil hergestellt werden. In Ermangelung dieser Gelegenheit empfehlen sich hölzerne Umfriedigungen, wiewohl gerade nicht die zwar am häufigsten angewandten, aber in Anlage und Unterhaltung theueren, stehenden oder liegenden Pallisaden- und Bohlenzäune, bei welchen der Kostenaufwand gar nicht selten den Gesammtwerth der im Garten erzogenen Pflanzen übersteigt; sondern die wohlfeileren und gleichzweckdienlichen Flechtzäune, zu denen man minder werthvolles Gehölz, wie die bei ersten Durchforstungen gewonnenen schwachen Stangen, Dörner und anderes Reisig, verwenden kann. Das hierzu weiter nöthige und schon kostbarere Pfahlholz wird, wenigstens für die Folge, wohlfeiler und dauerhafter durch grüne, berindete und zum Anwurzeln bestimmte Stangen von Pappeln oder Baumweiden ersetzt, wenn man solche zeitig im Frühjahre in die Zaunlinie so nahe

---

*) Diese nähere Exemplifizirung einer freilich nur im niederen Gebiete der Mathematik gründenden Wahrheit werden wohl diejenigen nicht für überflüssig erachten, welche, gleich dem Verf., Gelegenheit hatten, zu bemerken, wie häufig gegen jene einfache Regel auch da, wo die Lokalbeschaffenheit keine Ausnahmen gebietet, gefehlt wird — nicht selten in Staaten, welche von ihren Forstkandidaten die ausgedehntesten Kenntnisse aus den höheren und höchsten Theilen der Mathematik ansprechen — und mitunter im nächsten Umkreise des Sitzes numerisch stark besetzter dirigirender Forstbehörden.

zusammensetzt, daß man zwischen sie später das Flechtholz horizontal einflechten kann. Ein zu rasches Erstarken der angewurzelten Pfahlstangen läßt sich durch fleisiges Stümmeln derselben verhindern, auserdem durch folgende Maasregel, bei welcher man zugleich an Zaunhöhe erspart und die lästige Ausbreitung der Pappelwurzeln in den Garten mehr hemmt. Man umziehe den Garten mit zweien gleichlaufenden Graben, so, daß zwischen ihnen ein 40—50 Zoll breiter Damm bleibt. Dem äuseren Graben gebe man 40 Zoll obere und 10 Zoll Sohlen-Breite und 15 Zoll Tiefe; dem inneren bei gleicher Sohlenbreite nur 30 Zoll Breite und 10 Zoll Tiefe; häufe die aus beiden Graben ausgehobene Erde auf dem Zwischendamme so auf, daß die beiden äuseren Wände der aufgeführten Erde aufwärts eine gerade Fortsetzung der inneren Seitenböschungen der beiden Graben bilden und obenauf ein 10 Zoll breiter Kamm (Krone) entsteht, worauf die Pappeln ꝛc zu sitzen kommen. Ist der Boden mit Rasen überzogen, so benutze man die von der Oberfläche der Graben und dem Zwischendamme selbst regelmäsig abgehobenen Rasenstücke zur äuseren Bekleidung der frischen Dammerhöhung, um dieser mehr Halt zu verschaffen. — Etwa mangelnde Pappeln- und Weidenstangen sind aus Schnittlingen in gelockertem Lande bald anzuziehen und diese schon bewurzelten Stämme schlagen noch sicherer an.

4) Bewässerunganlage. — Anhaltend heise, an Regen und Thauniederschlägen arme Sommer bewirken in der Regel einen bedeutenden Pflanzenabgang in der Saat- und Baumschule, wenn man dem nicht durch Erfrischung mit Wasser künstlich steuert. Das Benässen mittelst Gieskannen gewährt dagegen nur unvollständige Abhilfe. Denn wenn man auch davon ganz absehen wollte, daß es an sich mühsam und kostspielig ist und — einmal angefangen — bis zu eintretendem Regen tagtäglich fortgesetzt werden muß, wenn es nicht, geradeso wie in Hausgärten, mehr schaden, als nutzen soll — so verhindert schon die an der Boden-

oberfläche beim Begiesen sich stets bildende Erdkruste den freieren Zutrit der Athmosphäre zu den Pflanzenwurzeln und stört deren Ernährungfunktionen.

Weit wirksamer zeigt sich eine Bewässerung von unten auf und von der Seite her, wobei das Erdreich vom Wasser völlig durchdrungen, die oberflächige Kruste vermieden, überdieß eine Wiederholung der Nässung nur erst in viel längeren Zwischenräumen nöthig wird *). Sie ist einfach in der Art herzustellen, daß man den Forstgarten, ähnlich den Hausgärten, durchaus in mäsig breite und etwas hohe, dabei horizontale Beete legt, in die Zwischenpfade Wasser leitet und darin aufstauen läßt, damit letztes seitlich in die Beete eindringe (nicht sie überriesele) und sie von Grund auf durchnässe. Die ebenfalls völlig horizontalen und etwas tiefen Pfädchen müssen mit dem Zuleitunggraben, welcher sie mit Wasser speisen soll, in Verbindung stehen und gewöhnlich am anderen Ende geschlossen sein, damit das Wasser in ihnen aufstaue. Die vortheilhafteste Einrichtung der Bewässerung, nämlich die zweckmäsigste Richtung der Zuleitunggräbchen und der Beetpfade (so wie der Beete selbst) und ihre gegenseitige Verbindung (mitunter auch der Beetpfade unter sich), hängt von der äuseren Beschaffenheit des Gartens, insbesondere seiner mehr oder minder geneigten Lage, ab und wir glauben von einer näheren Darstellung der hierbei vorkommenden sehr verschiedartigen Fälle um so mehr absehen zu können, als musterhafte Wiesenbewässerung-Anlagen vollauf Gelegenheit zu Anhaltpunkten für jene Art Bewässerung abgeben, wenn man nicht auser Acht läßt, daß in Forstgärten keine Ueberrieselung, wie bei Wiesenbeeten, sondern blos eine Wasseraufstauung in den Beetpfädchen statt finden soll. Nur darauf wollen wir aufmerksam machen, daß es das Wässerunggeschäft merklich abkürzt, wenn mit einer Wasseraufstauung viele

*) Eine solche Bewässerung von Grund aus vertreibt zugleich die schädlichen Maikäferlarven (Engerlinge).

Beetpfade zugleich gefüllt werden können. Bei einer mehr geneigten Lage des Gartens ist dieß z. B. in der Art zu bewirken, daß man auf den, dem Gefälle nach durch den Garten geführten, Zuleitunggraben der Quere nach die horizontal gelegten Beete aufstoßen läßt und da, wo die Beetpfädchen in den Graben einmünden, kleine Schleusen (wie man sie zur Wiesenbewässerung hat) einsetzt, um das Wasser im Graben beliebig aufstauen und damit die Beetpfade füllen zu können. Die Schieberchen (Schützen) der Schleuschen müssen so niedrig sein, daß der Spiegel des nach erfolgter Aufstauung überschiesenden Wassers etwas unter der Oberfläche der Beete bleibt, somit keine Ueberrieselung der Beete erfolgen kann. Werden nun, bei vorzunehmender Bewässerung, sämmtliche Schleusenschützchen im Graben herabgelassen, so füllen sich bald nach einander alle Beetpfade mit Wasser. — Bei wenig geneigter Lage des Gartens sind aber keineswegs an allen Einmündungstellen der Pfädchen Schleuschen nöthig; letzte können vielmehr weiter auseinander kommen. In diesem Falle kann man auch die Bewässerung in der Art anlegen, daß man die Beete und ihre Pfade parallel mit dem Hauptgraben ziehen läßt, den Garten in passenden Abständen mit Quergräbchen durchschneidet und nur an deren Einmündungen in den Hauptgraben Schleuschen einsetzt; das in letztem aufgestauete Wasser trit dann zuerst in die Quergräbchen und aus diesen in die Beetpfade. Oder man faßt eine angemessene Zahl in gleicher Horizontalebene gelegener Beete ringsum mit einer Rabatte ein und leitet durch eine verschliesbare Oeffnung in letzter das Wasser aus dem Hauptgraben in sämtliche Pfädchen des Beetenkomplexes; ꝛc. — Steileren Berghängen entlang leite man das Wasser so hoch über der Thalsohle hin, als thunlich, lege den Garten unterhalb dieser Wasserleitung an, gebe den Beeten eine horizontale Richtung und versehe sie an ihrer oberen Längsseite mit Wässerunggräbchen ꝛc. — Die Aufstauung des Wassers läßt sich, anstatt durch Schleuschen, auch, wiewohl minder bequem, durch eingelegte Rasenstücke rc herstellen.

Die Möglichkeit zur Beschaffung der zur Sommerwässerung zureichenden Menge an gutem Wasser ist, wie oben bemerkt, schon bei der Gartenanlage zu berücksichtigen. Weither kommendes, mildes, nicht zu kaltes und an Nahrstoffen reicheres Bachwasser verdient in der Regel den Vorzug. Da aber stärkere Bäche grösere und kostspieligere Schleusen erfordern, überdieß oft durch Ueberschwemmungen schaden, so suche man ihren Durchflus durch den Garten dadurch zu umgehen, daß man in ihnen an einer passenden Stelle einer Schwellung anbringt und von dieser aus mittelst eines schmalen und an der Mündung verschliesbaren Kanälchens das nöthige Wasser dem seitwärts vom Bache anzulegenden Garten zuleitet. — Läßt sich letzter unterhalb eines schon vorhandenen Fischteiches gründen, so ist die Herstellung der Bewässerung leicht ausführbar. — Die neue Anlage kleiner teichartiger Wasserbehälter auser- und oberhalb des Gartens empfiehlt sich dann, wenn fliesendes Wasser fehlt und dieser Abgang durch Sammelwasser aus Regen und Schnee ersetzt werden muß, oder wenn das vorfindliche fliesende Wasser in kaltem Quellwasser bestünde, welches bei längerem Aufstauen in einem Behälter erst eine höhere Temperatur annehmen soll. Im ersten Falle wähle man eine dem Auffangen des Sammelwassers günstige Stelle, z. B. in einem Thälchen. Den Behälter baue man nach Art der Fischteiche und versehe ihn auch mit einem Grundgerinne, Zapfengestelle und Striegel, um das zu einer Wässerung nöthige Wasser bequem ablassen und dann den Ausflus wieder hemmen zu können. Wäre der Untergrund durchlassend, so reicht schon ein Ausschlagen mit Thon oder das Auffahren einer mäsigen Schichte Lehms hin, ihn wasserdicht zu machen. Läge der eines ständigen Zuflusses entbehrende Sammelteich weit vom Garten ab, so kann man an letztem, nahe bei der Einmündung des Flosses, noch einen zweiten kleineren Behälter anlegen, welcher nur die zu einer

Wässerung erforderliche Wassermasse faßt und mit einem Schleuschen versehen ist. Wird dieser kleine Behälter jedesmal zuerst aus dem gröseren gefüllt, so kann schon ein Mann, z. B. der Bezirksschütze, die ganze Bewässerung allein vollziehen.

5) Innere Einrichtung des Gartens. — Sie muß zunächst mit Rücksicht auf eine vollständige und bequeme Bewässerung geschehen und danach die Lage, Richtung, Länge rc der Beete bestimmt werden. Bei unebenem und geneigtem Terrain ist die Anwendung einer Wasserwaage dabei immer nützlich, oft unentbehrlich. Kann man die Saatbeete, wenn auch nur theilweise, in der Richtung von Südwest nach Nordost führen, so erleichtert dieß die Schutzmaasregeln gegen Erdflöhe und Spätfröste, wie wir unten (Z. 8. b. e.) sehen werden. Der Rücksicht auf eine möglichst vortheilhafte Benutzung des Flächenraums muß oft die auf eine vielleicht gefälligere und geschmackvollere Anlage weichen. Unnöthige oder breite Wege vermeide man; doch empfiehlt sich ein (wenn auch nur 1spuriger, dann aber entweder kreisförmig geführter oder mit einer gröseren Wendestelle versehener) Fahrweg durch den Garten, mit einer, durch ein einfaches Gatter- oder Hordenthor verschliesbarer, Einfahrt in der Umfriedigung. — Höhere Bäume dulde man im Garten nicht; sie verhindern nur durch ihre Wurzeln eine gründliche Bodenbearbeitung in ihrem Umkreise, während ihre Kronen den von ihnen überschirmten Pflanzen Thau und Regen entziehen. Der vermeintliche Schutz, welchen ihre Beschattung gegen Spätfröste verleihen soll, wird durch die nachtheilige Wirkung der auf ihren Schaft auffallenden und gegen den Boden zurückprallenden Sonnenstrahlen bei weitem wieder aufgewogen. — Ein oder einige Plätze zur Bereitung und Bewahrung von Humuserde (Zif. 7) sind an bequem gelegenen Stellen zu bestimmen und zur Beschattung mit schnellwüchsigen höheren Sträuchern zu umfassen. — Wünschenswerth ist auch eine einfache, bedeckte und verschliesbare Hütte

zum Schutze der Arbeiter bei ungestümem Wetter, zur Bewahrung der Werkzeuge ꝛc.

6) Bodenbearbeitung. — Man hat, aus Rücksicht auf vermeinte Arbeitersparung, gerathen, den Umbruch des Gartens nur auf die Saat- und Pflanzbeete zu beschränken und ihn nicht auf die Wege und Beetpfade auszudehnen. Wir können dem nicht beistimmen; sondern rathen um so mehr zu einer durchgängigen und recht gründlichen Bearbeitung der ganzen Gartenfläche, als dadurch der sonst rascher und reichlicher erfolgenden Verbreitung der Unkräuter von den Wegen aus auf die Beete gesteuert und die regelmäßige Anlage der Beete ꝛc in den meisten Fällen merklich erleichtert wird. Die Umbruchskosten fallen da ganz weg, wo man den Boden zu 1- oder 2jährigem Kartoffelbau vergeben kann; dieser bewirkt die vollkommenste Bodenlockerung und Zerstörung der Unkräuter. Gestattet dabei der Mangel an starken Baumwurzeln und gröseren Steinen und eine nicht zu steile Lage die Anwendung des Pflugs, und läßt man mit diesem im Vorsommer den Boden einmal umbrechen, sodann im Spätherbste nochmal der Quere nach, damit der Winterfrost die Schollen besser durchdringe und mürbe mache, ihn im folgenden Frühjahre tüchtig mit der Egge bearbeiten, dann die Kartoffeln hinter dem Pfluge einlegen und später behäufeln, so erzielt man gleich im ersten Jahre eine gute Ernte und ein selbst starkgebundener und mit dickem Rasenfilze bekleideter Boden wird durch diesen einmaligen Kartoffelbau gewöhnlich schon arthaft genug zu Saatbeeten. Zum Halmenfruchtbau vergebe man den Garten aber weder anfangs noch später; denn nicht nur, daß er den Boden weniger lockert und stärker angreift, sondern auch es werden durch ihn die schädlichen Mäuse aus der ganzen Umgegend in den Garten gezogen. — Wo der Kartoffelbau nicht platzgreifen könnte, muß man die Gartenfläche mit dem Pflug oder mit dem Spaten oder der Hacke umroden und dieß bei schwerem Boden und einer starken Rasendecke 1 bis 2mal wiederholen. Kann man

zugleich den Boden hainen — d. h. die mit dem Pfluge ꝛc abgeschälten und an der Sonne ausgetrockneten Rasenstücke mit zwischen geschichtetem dürrem Reisig ꝛc auf kegelförmige Häufchen setzen, diese an der Windseite anzünden und zusammenschmoren lassen, um dann den Rückstand über die Fläche wieder gleichförmig auszubreiten — so werden dabei die Wurzeln und Samen der Unkräuter am wirksamsten zerstört.

Wir rathen ferner, den so zubereiteten Boden durchaus in hohe und mäsig breite Beete zu legen. Zwar geht dabei an Raum (für die Zwischenpfade) verloren; dafür bietet aber die vollkommenere Entwickelung der Pflanzen, zumal ihres Wurzelstocks, in der lockereren und den Athmosphärilien besser zugänglichen Erde der Beete reichlichen Ersatz. Vorzugweise sichtbar trit die günstige Wirkung hoher Beete auf den Pflanzenwuchs in einem strengen Boden, der dann viel lockerer und mürber wird, so wie in nassen oder zum Auffrieren geneigten Lagen hervor. Auserdem gewähren die Beete bei Reinigung von Unkräutern, beim Ausheben der Sämlinge ꝛc Erleichterung. Dem einzigen Nachtheile, daß die hohen Beete die Feuchtigkeit weniger lange halten, muß die Bewässerung begegnen, wobei die Zwischenpfade von wesenlichem Nutzen sind. — Die Richtung und Länge der horizontalen Beete hängt von der Beschaffenheit des Lokals und dem Laufe des oder der Wässerunggraben ab und muß unter Beihilfe einer Wasserwaage vorher bestimmt und abgepflöckt werden. Ihre obere Breite kann 40—50 Zoll betragen. Sie bilden sich ganz von selbst, wenn man die 1 Fuß breiten und 10—12 Z. tiefen Zwischenpfade nach einer ausgespannten Schnur und einer Setzwaage ganz horizontal aushebt und die ausgehobene Erde zur Erhöhung und Ausgleichung der Beete benutzt. Ebenso verwendet man die Erde, welche man beim Ausheben der Wassergräben und der Wege erhält. In der ersten Zeit wird gewöhnlich nach Wässerungen oder starken Regengüssen einige leicht wahrnehmbare Nachhilfe in den Beetpfaden nöthig. Um späterer

Nivellirungen überhoben zu sein, bezeichnet man gleich Anfangs das Niveau der Beetpfade (wohl auch der Beete) durch die Köpfe von Pfählen, welche man in passenden Abständen dem Boden gleich einschlägt.

Daß man zwar die zum Ersatz der Zaunpfähle bestimmten Pappeln- und Weidenstangen in der Einfriedigunglinie gleich von vornherein setze, damit sie mittlerweile anwurzeln, daß man dagegen die Errichtung des Flechtzaunes selbst bis zur wirklichen Anlage und Benutzung des Gartens verschiebe, braucht wohl kaum bemerkt zu werden.

7) Besamung der Beete. — Zu Saatbeeten wähle man die, welche besseren Boden haben, der Bewässerung am bequemsten liegen ꝛc. — Zur Breitsaat rathen wir nur dann, wenn ausnahmweise zum Ausheben mit Ballen bestimmte Pflanzen erzogen werden sollen. In allen übrigen Fällen, mithin als Regel, empfiehlt sich die Rinnen- oder Riefen-Saat, weil sie das Reinhalten, Pflegen und Ausnehmen der Pflanzen am meisten fördert. Der einzige mit dieser Saatart gepaarte Nachtheil, daß nämlich bei ihr die Samen mehr dem Mäusefras ausgesetzt sind, ist durch die Wahl einer günstigen Saatzeit abwendbar. Den 40 Zoll breiten Beeten entlang kann man 3 gleichlaufende, 4 bis 5 Zoll breite Saatrinnen ziehen, wovon die beiden äuseren 5 bis 6 Zoll vom Beetrande abstehen und die 3te gerade in die Mitte kommt. Es bleibt so zwischen ihnen der nöthige Raum, um mit schmalen Häckchen das Unkraut abräumen und die Bodenoberfläche lockern zu können. Die Rinnen ziehe man nach einer ausgespannten Schnur mittelst Häckchen 1½ bis 2 Zoll tief, mit Rücksicht auf das spätere Setzen und Abspülen der frisch aufgelockerten Erde, auf das Heben der Pflanzen durch Frost, ꝛc; die ausgeräumte und der Rinne entlang aufgehäufte Erde kann man nach erfolgtem Aufgang der Sämlinge zwischen diese theilweise wieder einfüllen, wodurch bekanntlich zärtlichere Pflänzchen, wie Rothbuchen ꝛc, auch mehr gegen Spätfröste geschützt werden.

Wäre der Boden an sich nicht besonders fruchtbar, so steche man an der Stelle der Rinnen 6 Zoll breite und bis 10 Zoll tiefe Gräbchen (mit senkrechten Wänden) aus und fülle sie sogleich mit einem Gemenge von Humus und leichter Erde und säe darauf den Samen. Man wird finden, daß in diesem Erdgemenge die Pflanzen, ohne zu vergailen, viel schönere, nämlich weniger weit und tief verbreitete, dagegen im Innern reich und dicht verzweigte Wurzelstöckchen bilden, wodurch neben dem künftigen Ausheben, Beschneiden und Einsetzen auch das Anschlagen wesenlich gefördert wird. Den dazu nöthigen Humus verschafft man sich, in so weit man ihn nicht unmittelbar von fetten Waldstellen, aus mit verwesetem Baumlaub gefüllten Waldgraben rc bequem und ohne Nachtheil beziehen kann, durch Aufhäufung von Baumlaub, Nadeln, Moos, allerlei Strauchwerk und geringem Reisig, Spänen, Farenkräutern und sonstigen Waldgewächsen, so wie von den im Garten ausgejäteten Unkräutern, von Teichschlamm rc auf den dazu bestimmten, schon oben Zif. 5 gedachten, mit Strauchwerk umfaßten Stellen im Garten. Man halte diese Faulhaufen stets feucht und locker und schaufele sie jährlich wenigstens 1mal um. Findet sich wohlfeile Gelegenheit zum Beimengen von Pflanzenasche (z. B. von Holzmacherfeuern, beim Verbrennen von faulem Holze, Unkräutern rc) und von etwas Staubkalk (d. i. an der blosen Luft zu feinem Mehl zerfallener Aetzkalk), so versäume man sie nicht. Zum Gebrauche mengt man dem Humus etwa die Hälfte leichter Gartenerde recht gleichförmig bei.

Man besäe die Rinnen ziemlich dicht und bedecke die Saat mit Humuserde, leichte Samen begreiflich minder stark. Man besorge nicht, daß durch eine ziemlich gedrängte Stellung der Pflanzen die normale Ausbildung ihrer Wurzelstöckchen beeinträchtigt werde, was in der That nicht der Fall ist. Zwar greifen die Stämmchen mit ihren Würzelchen gegenseitig in einander ein; es lassen sich aber, hebt man später sämmtliche Pflanzen auf einmal aus, dieselben bequem und ohne Verletzung ihrer Wurzeln von einander trennen. In diesem dichten Stande, bei welchem auf kleinem Raume die Anzucht einer grosen Menge Setzlinge möglich wird, können letzte ohne weitere Umpflanzung so lange verbleiben, bis sie einige Fuse hoch geworden sind, mithin diejenige Höhe erreicht haben, welche gewöhnlich zu vortheilhafter Versetzung in Hoch- und Niederwald-Abtriebsschläge nöthig ist. Nur die Anzucht stärkerer Pflanzheister verlangt ein vorgängiges Umsetzen der Pflanzen im Garten bei lichterer Vertheilung derselben (Zif. 9).

Die beste Zeit zur Saat der Beete ist durchschnittlich das Frühjahr. Bei der Herbstsaat werden viele Samen von Mäusen, Vögeln rc verzehrt, leichtere vom abgehenden Schneewasser ab- oder doch stellenweise dichter zusammen geschwemmt, andere von strengen Winterfrösten, auch die dann frühzeitiger im Frühjahre auflaufenden Pflanzen von Spätfrösten, beschädigt. Nur die schon im Vorsommer reifenden Samen der Rüstern, des Rothahorns rc säe man sogleich nach der Reife. Die Mittel zu einer zweckmäsigen Aufbewahrung der Samen über Winter werden, als bekannt, hier übergangen. Nur daran wollen wir erinnern, daß man solche frische Samen, welche, an trockenern Orten aufbewahrt, bei der Frühlingssaat im ersten Jahre entweder gar nicht oder doch sehr spät keimen, wie manche Steinobstkerne, Wallnüsse, Kastanien rc, den Winter über zwischen frischem Sande in nicht dumpfigen Kellern aufheben solle. Solche Samen, welche regelmäsig ein Jahr lang, ohne zu keimen, im Boden liegen, wie von Eschen, Weißdornen, Pimpernuß, Hartriegel, Wegedorn rc, älteren Samen von Hainbuchen, Zürbelkiefern rc, schlage man vom Frühjahre an auf nicht nassen Stellen in Gräben (darin ½—1 Fus hoch rein aufgeschüttet und oben mit einer Lage Stroh und dann mit Erde bedeckt) ein und säe ihn erst im folgenden Frühjahre aus. — Die beim Keltern von Aepfeln und Birnen gewonnenen Samenkerne trenne man nicht von den Trestern (den ausgepreßten Fruchtstückchen), sondern breite das Gemenge unter luftigen, vor Mäuse geschützten, Räumen oder auch ganz im Freien anfangs, zur Verhütung von schädlicher Erhitzung, in ganz flachen, späterhin in höheren Haufen auf, bedecke diese im Freien mit einer Lage Stroh und säe im Frühjahre die zusammengefaulte Masse in die Saatrinnen, bedecke sie aber zum Schutze gegen Vögel (besonders Finken) ½ Zoll hoch mit Humuserde; 2c.

8) Weitere Pflege der Saatbeete. — Die Maasregeln bestehen vornehmlich theils im Schutz der Pflanzen gegen feindliche Thiere, Unkräuter, und Witterungextreme, theils in Beförderung einer normalen Ausbildung.

a) Von den feindlichen Thieren, welche nicht durch die äusere Umfriedigung abgehalten werden können, gehören zu den schädlichsten: Mäuse, Maulwürfe, Erdflöhe, Werren, Maikäferlarven, manche Vögel 2c.

Die Mäuse (*Mus* silv. et agrar.; *Hypudaeus* arval.) schaden in Forstgärten gewöhnlich mehr durch Verzehren der Samen, als durch Benagen der Stämmchen. Gegenmittel sind: Vornahme der Aussaat im Frühjahr (nur mit der grünen Schale im Herbste gelegte Wallnüsse bleiben meist von den Mäusen verschont); unterlassener Getraidebau im Garten; Betreiben der um den Garten gelegenen Walddistrikte im Herbste mit Hausschweinen*); Eingraben von hohen sogenannten Milchtöpfen in die

*) Dieses längst erprobte Mittel glaubt man aufs Neue empfehlen zu dürfen, trotz der in einer gedruckten Waldschutzlehre enthaltenen Angabe, wonach die Mäuse von Hausschweinen nicht gefressen, sondern nur verjagt werden sollten. Wir verdanken diesem neuen Beitrage zur Naturgeschichte des Hausschweins zugleich einige nette Vorschläge zu forstl. Schutzmaasregeln gegen die Mäuse, daß man z. B. die zu Eichelnsaaten bestimmten Flächen vorerst mit Schweinen betreiben, dann aber sogleich mit einem Graben umziehen solle — um den flüchtig gewordenen Mäusen den Rückpaß abzuschneiden(!); ferner den Rath: daß man die an mausreiche Felder stosenden Waldgränzen mit senkrechtwändigen Graben einfassen, in diese irdene Töpfe einsetzen und letzte zugleich mit etwas Wasser(!) füllen solle 2c. Diesen so rein

Saatreihen und zwar etwas tiefer, als die Beetoberfläche, rings mit Moos umfüttert — gegen das Auffrieren — oben mit etwas Stroh und Gras ꝛc locker bedeckt — gegen das Füllen mit Regen- oder Schneewasser und weil auch die Mäuse leichter einfallen; durch Einwerfen von (in Apotheken bereiteten) Giftkügelchen aus Brod und weißem Arsenik, oder aus Mehlgries, Schweinefett und Phosphorsäure, ꝛc in die Mauslöcher. Ein in den Garten gesetzter Igel, oder ein Pärchen, würde die Mäuse und anderes Ungeziefer (wie Werren, Regenwürmer, Schnecken) am ersten vertilgen, fräse nur nicht der Igel (gleich dem Dachse) manche Samen, am liebsten süße Kastanien und Wallnüsse, denen auch Raben, vornweg Kolkraben, sehr nachstreben.

Die Maulwürfe und Schermäuse (Hypud. terrestr.) werden nur den Saatbeeten durch ihre untererdigen Gänge und Erdauswürfe, die Spitzmäuse (Sorex aran. et fod.) durch ihre Löcher in den Ufern der Wässerunggraben lästig; sie alle nutzen aber wieder als Hauptfeinde der Regenwürmer, Schnecken, Engerlinge, Werren ꝛc. Man fängt sie in den bekannten Schnellfallen oder vergiftet sie durch Regenwürmer, welche man mit Brechnußpulver (Strychnos nux vomica) bestreut und in ihre Gänge legt.

b) Gegen die Erdflöhe (Haltica) — welche die Kotyledonen und jungen Blätter der Samenpflänzchen mancher Holzarten, aber meist nur im 1. Jahr und da auch nur im Vorsommer zerfressen — gibt es, unseren Erfahrungen nach, kein wirksameres Mittel, als Beschattung. Man belegt entweder die Saatrinnen der Länge nach mit sperrigem feinästigem Reisig, wie von Schwarzdorn, Birken oder Wachholder und nimmt es wieder weg,

praktischen Rathschlägen wiederfuhr sogar die Ehre, von einem anderen forstwissensch. Docenten als die seinigen adoptirt zu werden, der sie nun ebenso regelmäßig seinen Zuhörern in die Feder diktirt, wie andere gleich empfehlenswerthe Forst-Schutzmaasregeln von jenem Autor, z. B. baumsamenverzehrende Vögel durch Aufhängen ausgebalgter Raubvögel über den Saatflächen von diesen abzuhalten.

wenn die Gefahr vorüber ist; oder man errichtet ein horinzontales lockeres Reisigdach in 1—1½ Fus über dem Beet in der Art, daß man Holzgabeln aufrecht in die Beetpfade steckt, leichte Stangen horizontal in die Gabeln legt und quer über diese und die Beete das Reisig. Da aber hierbei den Pflänzchen zu viel Sonnenlicht, Thau und Regen entzogen wird, so empfiehlt sich mehr noch eine auf der Südostseite der Beete — welche dann aber von Südwest nach Nordost ziehen müssen — errichtete schräge Reisigwand in Form eines von Südost gegen Nordwest aufsteigenden Halbdachs. Man bringt zu dem Ende die Gabelstangen auf den Beeten selbst an und legt auf sie das Reisig so, daß leztes mit einem Ende in dem südöstlichen Beetpfädchen aufsteht.

Gegen samenfressende Vögel schützt Bedeckung der Saat Verscheuchen der Strich- und Zugvögel 2c.

c) Die auf den Saatrinnen selbst hervorsprossenden Unkräuter muß man fleisig und wenn die Kräuter noch jung sind, ausraufen, doch weder bei sehr nassem, noch sehr trockenem, sondern nur frischem Boden, weil im ersten Falle oft grösere Erdklumpen und kleinere Holzpflänzchen mit hervorgezogen werden, im zweiten Falle aber die Unkräuter über dem Boden häufig abbrechen und ihre zurückbleibenden Wurzelstöckchen wieder von neuem austreiben. Auf den leeren Zwischenstreifen und in den Beetpfaden kann man das Unkraut schon älter, doch nicht samenreif, werden lassen und mit schmalen Gartenhäckchen seicht aushacken, wobei die Bodenoberfläche zugleich eine nützliche Lockerung erhält. Das Ausgehackte lasse man einige Tage zum Welken liegen, damit beim Zusammenziehen mit schmalen Rechen die anhängende trockne Erde leichter abfällt und auf dem Beete zurückbleibt. Es braucht jeden Sommer nur 2—3mal wiederholt zu werden. Kann man das Jäten nicht durch Sträflinge oder Fröhnder verrichten lassen, so verakkordire man es sommerweise öffentlich an Wenigstfordernde, welche man aber zur Arbeit persönlich anweisen muß. Die Kosten sind darum gering, weil Weibsleute und Kinder die leichte Arbeit verrichten können. — Bedeckt man die Saatbeete einige Linien hoch mit abgefallenen Nadeln von Kiefern, Fichten 2c, so erscheint das Unkraut viel später und sparsamer. Den dazu nöthigen Nadelnbedarf liefern — zur Schonung junger Nadelholzbestände — die Reisighaufen, welche bis zum Abfall ihrer Nadeln im Walde sitzen bleiben oder die man absichtlich dazu bestimmt.

d) Das Wässern der Beete bei anhaltender Trocknis im Frühling und Sommer nehme man thunlichst bei bedecktem Himmel vor, aber nicht gegen Abend dann, wann bei heiterem Himmel Nachtfröste drohen, auch nicht mehr im Spätherbste, wegen der Gefahr stärkeren Auffrierens des Bodens. Man wässere jedesmal recht gründlich; es wirkt dann besser und braucht seltener wiederholt zu werden.

e) Gegen Spätfröste schützt zugleich am besten die oben unter b erwähnte Vorkehrung gegen Erdflöhe. — Das Räuchern vor Sonnenaufgang mittelst Schmoorfeuern aus Häufchen von Torf, feuchtem Laube 2c, welche man an der Windseite errichtet, damit der Rauch über die Beete sich verbreite, ist viel umständlicher und kostspieliger.

f) Gegen strenge Winterfröste in den ersten Jahren bedecke man zärtliche Holzpflanzen im Herbst mit Baumlaub und dieses wieder mit Reisig, um das Verwehen des Laubs durch Winde zu verhindern, oder auch mit Heide und anderem kleinem Strauchwerk, Moos 2c.

g) Bei den von Winterfrösten stark gehobenen Pflanzen genügt ein bloses Antreten mit dem Fuse nicht, sondern man muß die über die Erdoberfläche vorragenden Wurzeln, und zwar recht frühzeitig und bevor sie austrocknen, mit Erde bedecken, wobei die vertieften Saatrinnen gute Dienste leisten. Selten wird dann ein gänzliches Umsetzen der aufgezogenen Pflanzen nöthig.

h) Bei den zum Treiben langer und starker Pfahlwurzeln geneigten Holzarten, wie Eichen, läßt sich diese, beim Ausheben und Versetzen der Pflanzen lästige, Wurzelbildung dadurch etwas hemmen, wenn man im 1. oder 2ten Sommer mit ganz flachen und recht scharfschneidigen Spaten den Saatrinnen entlang von beiden Seiten her in schräger Richtung (V) so einsticht, daß alle Herzwurzeln in angemessener Tiefe getroffen und abgestochen werden, und nun die Erde wieder fest beitrit. Die Rinnen dürfen dann aber nur 2—3 Zoll breit sein. Die öfters geäuserte Besorgnis, daß unter dieser Operation der künftige Längewuchs des Pflänzlings leiden könne, hat tausendfältige Erfahrung als ungegründet erwiesen. Auch darf man nicht glauben, als wenn durch jenes Verfahren die Stechwurzelbildung gänzlich unterdrückt würde; vielmehr wird die abgestochene Pfahlwurzel durch Seitenwürzelchen, welche in die Tiefe gehen, ersetzt, ohne daß jedoch diese Ersatzwürzelchen beträchtliche Dicke erlangen, was von Nutzen ist.

9) Behandlung der Pflanzschule.

Das nochmalige Umsetzen der Pflänzlinge aus der Saatschule in die Pflanzschule haben wir als Regel nur für den Fall angerathen, wenn stärkere Heister für Alleen, Viehwaiden ꝛc angezogen werden sollen. Ausnahmweise kommt es wohl auch dann vor, wenn Setzlinge zwar in jugendlichem Alter, aber mit Ballen weiter verpflanzt werden müssen; oder wenn aus natürlicher Besamung herstammende und zerstreut im Walde vorkommende junge und unverdorbene Holzpflanzen gesammelt und zur rascheren und besseren Entwickelung in den Forstgarten umgesetzt werden sollen, wozu wir aber nur dann rathen können, wenn das Aufsuchen, Ausheben und Umsetzen solcher Wildlinge nicht mehr Mühe-, Zeit- und Kostenaufwand veranlaßt, als ihre künstliche Anzucht aus Samen. — Das Verfahren beim Umpflanzen selbst als bekannt voraussetzend, lassen wir es bei folgenden Fingerzeigen bewenden.

Die Breite der Pflanzbeete kann 50—60 Zoll messen. Zum Besetzen werden sie frisch umgegraben. Die Pflanzen kommen entweder in nach der Schnur gezogene Gräbchen oder jede in eine besondere Kaute zu sitzen. Die Pflanzweite richtet sich nach der beabsichtigten Pflanzstärke; jene muß bei anzuziehenden starken Heistern — die man gerne recht stufig erzieht, damit sie beim Versetzen keiner Verpfählung bedürfen — 15—20 Zoll betragen, doch nur in der Mitte der Beete, indem man die beiden äuseren Reihen dem Beetrande bis auf 6—8 Zoll nähern kann. Das Umfüllen der Wurzeln mit dem Gemenge aus Humus und Erde wirkt sehr günstig auf eine vortheilhafte Ausbildung der Wurzelstöcke. — Die Sommerbewässerung braucht weniger oft wiederholt zu werden, wie bei den Saatbeeten. Das Aushacken des Unkrauts mit gleichzeitiger Lockerung der Bodenoberfläche ist nur 1= höchstens 2mal des Jahrs nöthig. — Zur Beförderung einer stufigen Schaftform schneidele man nicht zu frühe und zu stark aus und stutze die niederen Aeste mehr ein, anstatt sie dicht am Schafte wegzunehmen. — Ein mehr als 1maliges Umsetzen im Garten empfiehlt sich in der Regel nicht, selbst nicht bei der Anzucht starker Pflänzlinge; ein öfteres Umsetzen veranlaßt nur, neben gröseren Kosten, eine Störung im Wachsthum, oft eine Unterdrückung des künftigen Höhewuchses und häufig eine Neigung zur Entwickelung von Schaft= und Wurzelstockloden.

10) Pflänzlingzucht aus Schnittlingen, Ablegern, Wurzelloden und Wurzeln.

Wenn auch diese Zucht für den Holzbau im Grosen einen mehr untergeordneten Werth besitzt, so ist sie doch in einzelen Fällen willkommen, z. B. zur Vermehrung solcher Hölzer, deren Samen sehr theuer oder gar nicht zu haben ist, mancher Obstarten, besserer Korbweiden und vieler schöner und nützlicher Sträucher, eltener Holzvarietäten 2c, weshalb wir einige kurze Andeutungen hierüber beifügen zu müssen glauben. Zum voraus bemerken wir, daß der gute Erfolg dieser sämtlichen Vermehrungarten durch einen gut bearbeiteten und gelockerten, humusreichen und fortwährend frisch erhaltenen Boden bedingt werde.

a) Durch Schnitt- oder Stecklinge oder Stopfer lassen sich die grösere Mehrzahl der Holzarten, wiewohl mit ungleicher Sicherheit des Erfolgs, fortpflanzen, am leichtesten alle Pappeln- und Weidenarten, Platanen, Linden, die meisten in- und ausländischen Laubsträucher ꝛc. Bekanntlich wurzeln die Stecklinge um so eher an, wenn der untere etwas schräge Schnitt durch die Verbindungstelle (Nodien) zweier Jahrestriebe (am besten des 1- und 2jährigen) oder den Anheftungpunkt eines Seitentriebs oder nur einer Knospe geführt wird. Nicht gern anwurzelnde Holzarten kann man oft dadurch zum Anschlagen bringen, wenn man im Frühling vorjährige Triebe mit festem Zwirne oder Klavierdraht unterbindet, sie im folgenden Frühjahre dicht unter dem Wulste, der sich über dem Bande ansetzt, abschneidet und einsetzt. Auch nach Johanni genommene Stopfer schlagen noch an, wenn man an ihnen ein Stückchen vom neuesten Triebe mit 2—3 Blättern, welche man der Quere nach halb abschneidet, sitzen und solches über die Erde vorragen läßt.

Das Stecklingbeet verlangt Schutz gegen Sonne und Wind, wenn auch nur durch eine auf der Südostseite eingesteckte dichte und etwas hohe Reisigwand. Man ziehe der Beetlänge nach 1 Fus tiefe Gräbchen, fülle sie mit einem Gemenge aus Humus und leichter Erde und stecke in diese die Stopfer der Reihe nach aufrecht (nicht schräg) ein. Fleisiges Jäten und Wässern darf nicht unterbleiben.

b) Die Vermehrung mit Ablegern gelingt mit allen Holzarten; bei vielen Sträuchern mit niederen oder sich abwärts neigenden Aesten macht sie sich ganz von selbst. — Die Mutterstöcke setze man weitläuftig in einer Reihe auf die Mitte der Beete und etwas vertieft. Laubhölzern nehme man nach erfolgtem Anwurzeln im 2. oder 3ten Frühjahre den Schaft nahe am Boden, zur Bewirkung niederer und reichlicher Stockloden, welche man, bis auf eine, im nächsten Herbste oder Frühjahre in mit Humuserde ausgefütterte seichte Rinnen bis zu den aufzurichtenden Spitzen hin einlegt, in dieser Lage durch beigesteckte Holzhaaken befestigt und dann mit guter Erde zudeckt. Schneidet man den Loden auf der unteren Seite, mit der sie aufzuliegen kommen und wo sie Wurzeln schlagen sollen, Rindenplättchen bis aufs Holz weg oder macht man da nur Quereinschnitte bis aufs Holz, so wird dadurch ihr Anwurzeln befördert. Sobald letztes erfolgt ist, trenne man die Einleger vom Mutterstamme und versetze sie auf ein anderes Beet in aufrechter Stellung.

c) Die Erzeugung von Wurzelbrut bei den dazu geneigten Holzarten, wie Pappeln, Weiden, vielen Kirschen- und Pflaumenarten, Weißerlen, Robinien, Rüstern, Sumach, Sanddorn, den meisten Laubsträuchern ꝛc erfolgt ganz von selbst, sobald der Boden nur recht locker ist und locker erhalten wird; auserdem kann man sie fördern dadurch, daß man die Tagwurzeln blos legt, verwundet und wieder bedeckt, oder daß man in einiger Entfernung vom Mutterstock rund um, im Kreise, mit einem Spaten senkrecht ein- und die Wurzelenden absticht, oder daß man den Mutterstamm nahe am Boden ganz wegnimmt. Man versetzt die bewurzelten Loden weiter, wie die Ableger.

d) Die Vermehrung durch gepflanzte Wurzelstücke gelingt zwar bei sehr vielen Holzarten, sogar bei Rothbuchen, nach unserer Erfahrung. Wir können sie aber darum nicht anrathen, weil die aus Wurzeln erzogenen Stämmchen in der Regel keinen schlanken und schönen Schaft treiben, auch zur Wurzelbrutbildung vorzugweise hinneigen.

11) Ueber die fernere Behandlung der Pflänzlinge, namentlich in der Zwischenzeit von ihrem Ausheben an bis zu ihrem Einpflanzen glauben wir, so einfach dieser Gegenstand an sich ist, darum einige Schlusworte anfügen zu müssen, weil davon, daß noch so gut erzogene und versetzte Pflänzlinge lange Zeit kümmern, ja mitunter ganz eingehen, gar oft die alleinige Ursache darin zu suchen ist, daß man die Pflanzen in jener Zwischenzeit nachlässig behandelte, nämlich ihre zarten Wurzelzasern

nicht sorgsam genug gegen Austrocknung schützte, wie es vornweg bei ballenlosen Pflänzlingen durchaus nöthig ist, wenn sie sicher und kräftig anschlagen sollen. Wie häufig sieht man ausgehobene Pflanzen mit völlig entblösten Wurzeln Stunden, ja Tage lang an der freien Luft und in der Sonne liegen, sie in gleicher Weise an die Pflanzstellen transportiren, und auch da oft noch geraume Zeit auf dem Boden herumfahren, bis endlich einmal, aber viel zu spät, ihre Wurzeln wieder in frische Erde kommen. Wollen dann (oder können vielmehr) die Kulturen mit solchen ausgehuzzelten Pflanzen nicht nach Wunsch anschlagen, so wird in der Regel, und oft mit grosem Aufwande an Scharfsinn, der Himmel oder Boden oder beide zugleich in Anklagestand versetzt, höchst selten aber die wahre Ursache — die eigene Versäumnis — in den Vordergrund gestellt.

Das Ausheben der rinnenweise erzogenen Pflanzen geschieht bekanntlich in der Art, daß je 2 Mann, am Ende der Rinne anfangend, von 2 Seiten her mit Spaten an beiden Rinnenwänden senkrecht hinabstechen und, die eingestossenen Spaten als Hebel gebrauchend, die dazwischen stehenden Pflanzen empor heben, wobei ihnen ein dritter, vor der Rinne stehender, Arbeiter Beihilfe leistet. Sollen oder können die Pflanzen nicht sogleich beschnitten werden, so stelle man sie bündelweise zusammen in die Rinne und bedecke ihre Wurzeln sogleich wieder mit Erde, oder man stelle sie ungesäumt in einen mit Wasser gefüllten Graben 2c, wo das Beschneiden erfolgen soll. Dieses erstreckt sich bekanntlich auf die verletzten Wurzelenden und auf die zu langen Wurzeln, bei Stöpfelpflanzen auch auf den Schaft bis auf 1—1½ Zoll über den Wurzeln. Es geschieht weniger mühsam und langsam, als mit haakenförmigen Messern (sogenannten Kneipen), mit leichten, scharfen und stets scharf erhaltenen Beilchen auf der Querschnittfläche eines etwa 1 Fus dicken, bis auf 2—4 Fus Höhe in die Erde eingelassenen, Schaftrummes. Man nimmt die Pflanzen einzeln aus dem Wasser und setzt sie in dieses, nach dem Behauen, sogleich wieder ein, wenn sie nicht alsbald zum Weitertransport verpackt werden können. Beim Verpacken auf Wagen schichte man zwischen die Wurzeln und obenauf feuchtes Moos und giese zuletzt reichlich Wasser auf die Ladung; zum Transport auf dem Kopfe oder den Achseln umfüttere man ebenfalls die Wurzeln der Pflanzenbündeln im Innern und auswendig mit Moos, befestige die äusere Umhüllung mit Wieden, Bast, Strohseilchen ꝛc und tauche zuletzt die Bündel unter Wasser. Bei weitem Transporte muß das Benässen nach Bedürfnis wiederholt werden. Beim Uebernachten stelle man die Pflanzen an gegen Fröste geschützte Orte z. B. in Kellern oder Scheunen ein. Können sie, an Ort und Stelle angelangt, nicht sogleich verpflanzt werden, so schlage man sie mit ihren Wurzeln in vorhandene Graben oder dazu eigends ausgeworfene Gruben ein oder lege sie an einer geschützten Stelle kreisförmig so auf den Boden, daß die Wurzeln in den Mittelpunkt des Kreises kommen, und bedecke letzte mit frischer Erde, Moos, Laub ꝛc. Beim Einpflanzen selbst lege man die ballenlosen Pflanzen nicht im Voraus bei die noch offenen Kauten, sondern nehme sie einzeln nach und nach, wie sie eingesetzt werden sollen, aus der nassen Moosverpackung, damit die Wurzeln fortwährend frisch bleiben. Für diesen geringen Aufwand an Sorgfalt wird man durch ein freudigeres Anschlagen der Kultur reichlich entschädigt werden. Die Umhüllung mit feuchtem Moose leistet viel bessere Dienste, als das angerathene blose Eintauchen der von Erde entblößten Wurzeln in einen dickflüssigen Lehmbrei.

Bei nachhaltiger Anwendung der erwähnten Dungerde auf den Saat- und Pflanzbeeten braucht man wegen einer allmähligen Ausmagerung des Bodens nicht besorgt zu sein. Doch thut man wohl, mit den Holzarten auf den Beeten abzuwechseln und letzte auch vor jedem frischen Gebrauche 1—2mal umgraben zu lassen.

III.

Weitere Belege für den dermaligen Zustand der forstwissenschaftlichen Kritik.

(Vom Herausgeber.)

Als der Herausgeber im vorigen Hefte dieser Beiträge auf den krankhaften, ja dissoluten Zustand der Kritik und seiner Ursachen aufmerksam machte und sein Urtheil durch die Zergliederung zweier entarteter Sprößlinge dieses so verwilderten Literaturgebietes näher begründete — lebte er der Ueberzeugung, damit der Wissenschaft und dem Zeitbedürfnisse einen nicht unwesenlichen Dienst zu erweisen. Hätte bei ihm hierüber noch ein Zweifel obwalten können, so würde solcher durch die zahlreichen Mittheilungen der achtbarsten Männer, welche sein Streben vollkommen billigten und ihn zur muthigen Verfolgung der betretenen Bahn aufforderten, gänzlich zerstreut worden sein. Gerne folgt er diesem freundlichen Rufe, obschon er recht wohl weiß, daß er — ohne sich herkulischer Kräfte rühmen zu können — den Kampf mit einer Hydra wage.

Wenn er seine weiteren Belege für jetzt wieder aus den mittlerweile erfolgten Kritiken über seine „Waldertrags-Regelung" entnimmt, so bedarf wohl diese Auswahl an und für sich um so weniger einer besonderen Rechtfertigung, als er, seinem früheren Vorsatze getreu, durch erschöpfende Motivirung seiner Urtheile das verehrliche Publikum in die Lage versetzen wird, das Richteramt selbst übernehmen zu können. — Wohl aber könnte es nöthig erscheinen, die gütige Nachsicht seiner Leser dafür anzusprechen, daß er sich erlaubt, sie bei dem ersten Ausfluge in eine — gelindestens gesagt — sehr übelberathene Gesellschaft zu bringen. So höchst widerwärtig, in Wahrheit, es für ihn selbst ist, hierzu den Führer abzugeben, so glaubt er seine Leser mit dieser unerquicklichen Parthie doch nicht verschonen zu dürfen, weil es immerhin zur Sache gehört, auch zu erfahren, bis zu welchen schmutzigen Tiefen eine von schnöden Leidenschaften gestachelte sogenannte Kritik sich zu verirren vermißt.

1) Beleuchtung der Repliken des Hrn. OfR. v. Wedekind und Hrn. F.D. Jäger in der „allgem. F.- u. J.-Ztg.", Oktoberheft 1842 S. 382 ff.

Auf groben Klotz 'nen groben Keil —
Auf einen Schelmen anderthalbe!

Göthe.

Der Herausgeber durfte wohl erwarten, daß die gründliche Beleuchtung, welcher er im vorigen Heft die Afterkritiken der genannten Herrn unterzog, diese zu der (ihnen etwa noch fehlenden) Einsicht des an ihm versuchten schweren Unrechts bringen würde. Und wenn er auch zu ihrer Persönlichkeit sich dessen nicht versehen mochte, daß sie durch offenes Bekenntnis ihrer Schuld, diese theilweise zu tilgen suchen würden — (zu einem solchen Schritte gehört allerdings neben dem Bewußtsein redlichen Strebens ein echter Muth) — so erwartete er doch, daß sie entweder durch kluges Schweigen oder doch in anderer, den niedrigsten Anforderungen eines guten Anstands und der Schicklichkeit nicht widerstrebenden, Weise ihre Niederlage dem Strome der Vergessenheit übergeben oder, so gut es halt gehen wollte, zu bemänteln suchen würden. — Dagegen war er auf zweierlei nicht gefaßt — einmal nicht darauf: daß seine Gegner sich so weit vergessen könnten, um den Mangel redlicher Waffen durch solche ersetzen zu wollen, welche nicht blos eine strenge Moral, sondern schon ein ziemlich abgestumpftes Schicklichkeitgefühl als die verächtlichsten verwirft; — zum anderen auch nicht darauf:

daß die Redaktion einer verbreiteten Zeitschrift, welche das Aushängeschild strenger Unpartheilichkeit zur Schau trägt, nämlich die Redaktion der allgemeinen F. und J. Zeitung, sich dazu hergeben würde, einem solchen schmachvollen Treiben und sogar unter der heterogenen Rubrik: „literarische (??) Berichte“ bereitwillig sowohl ihre Spalten zu öffnen, als auch ihm noch direkten Vorschub zu leisten, wie wir weiter unten sehen werden. Diese kaum je erhörte Thatsache würde etwas weniger befremdlich sein, wenn die längst in öffentlichen Blättern (und, so viel uns bekannt, ohne Widerspruch) verbreitete und uns selbst sehr wahrscheinliche, Angabe: daß Hr. v. W. der eigentliche Redakteur der Zeitung seie — sich bestätigen sollte. Es bliebe uns dann nur noch die Verwunderung darüber, wie Hr. Fstm. Behlen im mindesten zweifelhaft sein könne, daß ein unbescholtener Name doch offenbar größeren reellen Werth habe, als die eitle Ehre, diesen Namen länger einer Zeitschrift vorzusetzen, welche Andere zum versteckten Tummelplatze ihrer Leidenschaften und zum Verfolgen egoistischer Zwecke mißbrauchen. — Doch kehren wir zu unseren Helden zurück.

a) Die 80.

Auf Seite 382 des Oktoberhefts des F. ꝛc Zeitung treffen wir zuerst auf einen mit 80 unterzeichneten würdigen Vorfechter von ihnen, welcher einleitend bemerkt: „er habe den Auftrag (von wem? ist nicht gesagt) über das I Heft meiner „Beiträge z. Frstw.“ zu berichten, glaube sich aber nur auf die Tendenz und Art der Schrift beschränken zu dürfen, weil der Inhalt selbst wohl von anderer Seite (sic) weiter erörtert werden würde.“ — Es drängen sich hier 2 Fragen auf — erstens: auf was denn wohl diese sichere Voraussicht der 80 sich stützte? — zweitens: was wohl die Redaktion der allgemeinen ꝛc Zeitung bewogen haben könne, der 80 bei dieser offengelegten Mißachtung der ihren Rezensenten ertheilten und jedem Umschlage der Zeitung aufgedruckten Instruktion so ganz durch die Finger zu sehen? Muß sie, die Redaktion, nicht tief erröthen, wenn sie diesen Schmähbericht mit dem Wortlaute ihrer eigenen Instruktion in noch so laxe Vergleichung bringt? — Denn was anders, als bose Schmähungen auf die Person des Herausgebers der Beiträge, enthält dieser Bericht nicht, zugleich aber meist solche Phrasen, wie wir sie von Hn. v. W. früher und später öfters und fast wörtlich vernommen haben, so daß man unwillkührlich zu der Vermuthung gedrängt wird, die Nr. 80 und Hr. v. W. seien identisch und letzter trete hier als sogenannter Doppelgänger auf. Auch die vorfindliche einzige, scheinbar sachliche Behauptung: daß durch die Forstwirthschaftplane an und für sich **alle Vorfragen**, welche die Ertragsberechnung bedingten, ja schon beantwortet seien und man deshalb keiner weiteren Ertragsregelung-Prinzipien bedürfe — haben wir bekanntlich von Hrn. v. W. bis zum Ueberdrusse wiederholen hören, obschon diese Behauptung offenbar nur in einer kaum begreiflichen Sachunkenntnis gründet und höchstens etwa so viel besagt: daß — da die Patienten ihre Wiedergenesung zunächst den Arzeneien verdankten — man auch nur der Apotheker bedürfe und der Aerzte füglich entbehren könne. — Eine Antwort auf jene Schmähungen und Verdächtigungen wird man von mir nicht erwarten. Nur ein Vorwurf könnte etwa nähere Berichtigung ansprechen.

Die 80, so wie späterhin Hr. v. W. unter eignem Namen (Jahrb. d. Fstk. Hft. 25), beschuldigen mich, daß ich durch den Wiederabdruck der von ihm und Hn. Jäger gelieferten Kritiken über meine W. E. Regel. mich eines Nachdrucks schuldig gemacht habe. — Von einem Manne, wie Hn. v. W., welcher seine fast in geometrischer Progression anschwellenden Jahrb. der Fstk. mit einer juristischen Abhandlung und zwar über Strafrecht eröffnet und diese würdig genug befunden hat, um sie gerade einem halben Dutzende der berühmtesten Juristen Deutschlands zugleich zu widmen — von diesem wäre billig zu erwarten gewesen, er werde wissen, daß besagtes Faktum weder dem Vernunftrechte, noch den positiven Gesetzen nach den Begriff eines (verbotenen) Nachdrucks involvire — was für eine gewisse Klasse von Kritikern allerdings sehr unbequem sein mag, weil sie sonst — möchten nun ihre Aussprüche wörtlich zitirt oder aber noch so sinngetreu in anderen Worten wiedergegeben werden — in jenem Falle mit einer Nachdrucksklage drohen, im anderen Falle aber damit auftrumpfen könnten: man weise nach, daß wir gerade **so** gesagt haben! — Das Faktum eines wirklichen Nachdrucks liegt dagegen dem Hn. v. W. sehr nahe. Er hat im 19. Heft seiner Jahrb. f. Fstk. zwei ausführliche Gutachten von mir aus der von Hn. Justizrath Longard I. und mir gemeinschaftlich verfaßten Druckschrift: Denkschrift in Sachen der Stadt Bingen gegen die Gemeinde Weiler rc. Coblenz, 1840" — ohne mein Vorwissen und daher auch ohne meine Zustimmung wörtlich (bis auf die Zugabe einer reichlichen Portion Druckfehler) ab- und nachdrucken lassen, was zwar „der Ergänzung der Bogenzahl des Hefts" sicher förderlich gewesen ist, immerhin aber als ein gesetzwidriger und strafbarer Nachdruck erscheint.

Ganz zuletzt verfallen die 80 noch in die Kinderei, ein Anathem gegen meine „Beiträge" rc zu schleudern und zwar — wahrscheinlich um sich den Anstrich klassischer Bildung zu geben — in einem griechischen Vokabel, scheinen es aber nicht einmal bis zur Orthographie gebracht zu haben, indem sie ἀπαγε statt ἄπαγε schreiben.

b) Hr. Jäger,

welcher der 80 folgt, trit ganz in ihre Fusstapfen. Von Wissenschaftlichkeit keine Spur — nur die wohlfeile Versicherung: daß meine gründliche Zergliederung und Entblösung seiner Afterkritik ihn keines Besseren belehrt habe. Hätte er es blos bei dieser leeren und völlig unglaublichen Ausflucht bewenden lassen, so bliebe mir nichts zu erwiedern, weil meine Beleuchtung seiner

Afterkritik für die Person des Hn. J. gar nicht bestimmt war, sondern nur dem Publikum nachweisen sollte, mit welcher Frivolität das kritische Handwerk dermalen traktirt werde, es aber gewiß von meiner Seite ein tadelswerthes Mißtrauen in die Urtheilsfähigkeit aller Sachverständigen verrathen würde, wenn ich unterstellen wollte, die schale Versicherung des Hn. J. könne auch nur den Schein eines Gegengewichts meinen im vorigen Hefte gelieferten triftigen Beweisen gegenüber gewinnen.

Hr. J. glaubt jedoch seinen schimpflichen Rückzug nicht antreten zu dürfen, ohne sich zugleich für die erlittene Niederlage an mir dadurch zu rächen, daß er meinen Charakter durch Schmähungen der gemeinsten Art zu besudeln sucht. In dem „calumniare audaciter, semper aliquid haeret“ findet er, wenn auch keinen Schild zur Deckung seiner Blöse, doch das Mittel zur Befriedigung einer unedlen Rache. In den schmutzigsten Ausdrücken wirft er mir einen hohen Grad von Unverträglichkeit vor. Hr. J. bedenkt nicht, daß ein solcher Vorwurf aus seinem Munde bei Allen, welche ihn näher kennen, nur grose Heiterkeit erwecken könne; er bedenkt nicht, daß es an ihm gewesen wäre, diese meinem Charakter angedichtete Schattenseite (wiewohl sie, selbst als gegründet angenommen, in dem vorliegenden wissenschaftlichen Streite gar keine Beachtung ansprechen würde) an meiner Beleuchtung seiner Kritik auch nachzuweisen. Statt dessen beruft er sich auf einen vor vielen Jahren zwischen mir und Hundeshagen und Klauprecht in der „F. u. J. Zeitung“ angäblich geführten Streit, „welcher sowohl auf meinen Charakter, als auch auf meine Kenntnisse schliesen lasse *).

*) Da der von Hn. Jäger selbst aus meiner „W. E. Regelung“ gezogene und kurz zuvor, im Eingange seiner Kritik über mein Buch, niedergelegte Schlus auf meine wissenschaftliche Befähigung seinem Gedächtnisse wieder entfallen zu sein scheint, so erlaube ich mir, ihn hier wörtlich anzuführen. Er lautet: „Eine Schrift über Waldertrags-

Da nun diese Berufung von der Redaktion dieser Zeitung ohne alle Gegenbemerkung aufgenommen und somit gleichsam beglaubigt worden ist, so wird man mir wohl um so mehr erlauben, einige Worte der Erläuterung beifügen zu dürfen, als auch hier wieder sowohl die Hn. J. eigenthümliche Logik, von welcher schon im vorigen Heft der Beiträge so glänzende Proben gegeben wurden, als auch die strenge Unpartheilichkeit der Redaktion der F. Zeitung gleich leuchtend hervortrit.

Mit Hundeshagen, welcher 1825 zugleich mit mir an die hier errichtete Forstlehranstalt berufen wurde, ein möglichst freundliches Vernehmen zu unterhalten, gebot schon die Rücksicht auf unsere gegenseitige amtliche Stellung und unsere gemeinsame Bestimmung. Daß mein ernstliches Bestreben dafür nicht der gewünschte Erfolg krönte, war meine Schuld nicht; ich theilte hier gleiches Loos mit so vielen Anderen. Doch blieb unser gegenseitiges persönliches Verhältnis ein ziemlich leidliches bis zu der Zeit, als Hr. Dr. Klauprecht sich als Privatdozent hier habilitirte und H. für sich einzunehmen wußte. Von da an trat H. mir immer feindlicher gegenüber und erlaubte sich lieblose Urtheile über meine Person in zahlreichen Gesellschaften, sogar vor seinen und meinen Zuhörern. Da ich wohl wußte, wie viel davon auf Rechnung der zunehmenden Kränklichkeit H. und fremder Aufreizung zu setzen war, und da mir diese Ausfälle weder bei meinen Mitbürgern, noch bei meinen Zuhörern im mindesten schadeten, so

---

„Regelung aus der Feder eines mit groser wissenschaftlicher Bildung „ausgerüsteten Praktikers und zugleich öffentlichen Lehrers der Forstwissenschaft, muß unsere Aufmerksamkeit doppelt auf sich lenken und „grose Erwartungen in uns erwecken. Und in der That, diese Erwartungen werden vollkommen befriedigt, wenn man nur nicht Unmögliches, „kein ganz vollkommenes Werk verlangt!“ — Ich brauche wohl nicht zu versichern, daß ich mehr als genügende Bescheidenheit und Selbstkenntnis besitze, um dieses mir von Hn. J. gespendete enorme Lob für ein meine geringen Kenntnisse bei weitem übersteigendes zu halten.

glaubte ich mit aller Ruhe über sie hinwegsehen zu können, zugleich hoffend, daß gerade ein solches Verhalten meine Gegner am ersten entwaffnen werde. Ich hatte mich darin getäuscht; damit war ihren Absichten nicht gedient. Man glaubte mich aus meiner vermeintlichen Lethargie durch einen Hauptschlag erwecken zu müssen. Diesen versuchte H. im II. Bd. 3. Heft seiner „Beiträge zur Forstw." in 2 Aufsätzen (1 und 6). Obgleich nur in dem letzten mein Name genannt war, so lies doch eine nur oberflächige Bekanntschaft mit den betreffenden Lokalverhältnissen ꝛc gar nicht verkennen, daß die gerügte „Grundsätzlichkeit im Forstbetriebe" auf den Forstbezirk gemünzt war, welchen ich damal verwaltete. Zum Ueberflus wurde im Voraus jeder etwaige Zweifel hierüber dadurch beseitigt, daß man schon einige Monate vorher, ehe nur noch das fr. Heft im Drucke erschien, unter den damal (1829) hier studirenden Forstleuten eifrigst verbreitete, daß die Rüge mir gälte. Das Heft erschien und wurde begreiflich hier fleisig gelesen. Da diese Angriffe nicht, wie die früheren, das Gepräge bloser Persönlichkeit, sondern den Schein der Wissenschaftlichkeit führten, so blieb mir keine andere Wahl, als die einer öffentlichen energischen Abwehr, von der ich mir zugleich die wünschenswerthe Sicherheit vor künftigen ähnlichen Vexationen versprach. Sie erfolgte im Junihefte der F. und J. Zeitung de 1829, wiewohl nur zur einen Hälfte (gegen Auff. 1); die Veröffentlichung der anderen Hälfte (gegen Auff. 6) unterlies ich dagegen bereitwillig auf den dringenden Wunsch eines (noch lebenden) hochgestellten Staatsbeamten, welcher jene erste Hälfte schon als genügend für meinen rein sachlichen Zweck erachtete und eine weitere Fortsetzung der von mir begonnenen Berichtigung nicht im Interesse der Forstlehranstalt fand; ich unterdrückte die Fortsetzung, obschon gerade der zweite Theil mein verletztes persönliches Interesse zunächst tangirte. — Was folgert nun Hr. Jäger aus diesem Faktum? — Nichts Anderes, als daß die mir abgenöthigte und nur theilweise vollzogene Abwehr ebenso unverschuldeter, wie unwürdiger Angriffe auf meine Ehre und amtliche Wirksamkeit mich als einen unverträglichen Mann charakterisire! Diese Sorte von Logik erinnert unwillkührlich an die der politischen und literarischen Jakobiner der Alt- und Neuzeit, welche die Freiheit auf der Zunge, den Despotismus im Herzen tragen und unter der Freiheit, die sie verkünden, nur das für ihre eigene Person angesprochene Vorrecht begreifen, jeden Anderen beliebig mißhandeln zu dürfen, dagegen Mord und Zeter schreien, wenn ihr Opfer nicht geduldig stillhalten will, sondern sich sogar erkühnt, sein gutes Recht zu verfechten. Allein die Logik des Hrn. J. geht noch etwas weiter, indem er auch meinen vorgäblichen Streit mit Hn. Klauprecht in der F. u. J. Ztg. allegirt, mit dem es sich so verhält. Für Hundeshagen glaubte — Hr. Kl. gegen meine Rechtfertigung in die Schranken treten zu müssen. Er that dieß in einem Schmähartikel in der F. u. J. Ztg. (wahrscheinlich im Jahrg. 1830, welchen ich jetzt nicht zur Hand habe), worin er — jesuitisch genug — von vorn herein behauptete, der fragliche Aufsatz von H. hätte sich auf mich und meinen Amtskreis gar nicht bezogen, nachträglich aber selbst das Gegentheil dieser seiner Behauptung faktisch zu begründen suchte und dabei die Dreistigkeit besaß, offenkundige Lokalverhältnisse, auf welche ich früher Bezug genommen, durch erdichtete andere ersetzen zu wollen. Im Begriffe, diesen beschämenden Nachweis und zwar einfach durch den Abdruck parat liegender amtlich ausgestellter Zeugnisse von den betreffenden Behörden in der F. u. J. Ztg. zu liefern, lies ich mich auch von der Ausführung dieses Vorhabens durch den schon erwähnten Staatsbeamten zurückhalten und somit diesen neuen Angriff ganz unerwiedert, selbst auf die Gefahr hin, daß die mit den hiesigen Lokalverhältnissen nicht vertrauten Leser der F. u. J. Ztg. mein gutes Recht in Zweifel ziehen könnten. — Was folgert nun Hr. J. aus diesem meinem Verhalten? Ich seie ein unverträglicher Mann! Nach seiner Logik, wie man sieht, trifft ein solcher Vorwurf nicht blos denjenigen, welcher sich gegen muthwillige öffentliche Angriffe vertheidigt, sondern sogar den, welcher sich — — nicht einmal vertheidigt! — Was aber thut die unpartheiische Redaktion der F. u. J. Ztg., auf welche sich Hr. J. ausdrücklich beruft und welcher diese aus langjähriger Vergangenheit hervorgezogenen Streitigkeiten der Hauptsache nach bekannt sein mußten? — Sie nimmt, ohne alle und jede Erläuterung von ihrer Seite, die den moralischen Todschlag eines schuldlosen Mannes bezielenden, Verunglimpfungen unter ihre „literarische Berichte" auf! — Ja diese Redaktion geht noch einen guten Schritt weiter, wie wir gleich sehen werden.

Hr. J. beruft sich auf 2 Schreiben von mir, wonach ich ihn um eine Rezension einer W. E. Regelung angegangen, theilt diese Schreiben der Redakt. der F. u. J. Z. zum Abdrucke und dem Zwecke mit, damit das Publikum „meine An- und Absichten kennen lerne"; die Redaktion verweigert jedoch den Abdruck derselben unter dem (ebenso nichtigen, wie richtigen) Vorgeben: „er würde zu weit führen" — ergreift aber die Gelegenheit, um ehrenhaft zu versichern: daß ich „wiederholt" und unter „belobender" Anerkennung der „vorzugweisen Befähigung" des Hn. J., diesen um die Rezension gebeten habe. Dieser Vorwurf in der ihm von Hn. J. gegebenen Fassung und in Verbindung mit dem beliebten Zusatze der Redaktion und dem unterbliebenen Abdrucke meiner Schreiben ist wohl geeignet, mich bei Allen, welchen das wahre Sachverhältnis fremd ist, in ein ungünstiges Licht zu setzen. Aus Nachfolgendem wird man aber entnehmen, daß die Schmach, welche meine Gegner auf mich zu häufen suchen, auf sie allein in ihrer ganzen Wucht zurückfalle.

Am 19. oder 20. Januar 1840 überraschte mich über der Revision eines Korrekturbogens meiner „W. E. Regelung" ein aus der Ferne zugereiseter Freund und Fachgenosse und bemerkte, nach Beantwortung seiner Frage nach dem Werke, wozu der Bogen gehörte, scherzend: „Sind sie denn auch gegen die Angriffe des Hn. v. W. gehörig gewappnet? Denn der läßt keine andere

Taxationschrift neben den seinigen aufkommen; mit ihm kriegen Sie jedenfalls Händel!" — Diese scherzhafte Aeuserung stimmte mich ernster als der Freund erwartet. Mir fiel, woran ich bisher nicht gedacht hatte, die Art und Weise ein, in welcher Hr. v. W., und zwar in mehren Zeitschriften zugleich, die kritische Vehme handhabte. Und wenn auch seine Angriffe an und für sich mich nicht beunruhigen konnten, so mußte doch der Umstand, daß Hr. v. W. zugleich Mitglied des damal mir, in meiner Eigenschaft als praktischer Forstbeamter, vorgesetzten Kollegs war, mich sehr wünschen lassen, jedwede Kollision mit ihm zu vermeiden. Der Freund — welcher meine ernste Stimmung für eine fingirte halten mochte und deshalb seine Neckerei durch eine komische Ausmalung des mir bevorstehenden Kampfes noch eine Zeit lang fortsetzte, bis ich ihm meine gegründeten Besorgnisse ausführlicher, als das hier geschehen kann, mittheilte — meinte nun: von Hn. v. W. seie doch wohl noch so viel Schicklichkeitgefühl und Klugheit zu erwarten, daß gerade die Rücksicht auf unsere gegenseitige amtliche Stellung ihn bestimmen werde, entweder eine Kritik meiner Schrift in seinen Jahrbüchern ganz zu unterlassen oder sich doch blos in den Schranken der Wissenschaft zu bewegen, dagegen alle rein persönlichen Angriffe um so mehr zu meiden, wenn meine Schrift (meiner Versicherung nach) ihm nicht die mindeste Veranlassung zu solchen persönlichen Anfeindungen ꝛc darböte. Als ich nun zwar dieser Ansicht des Freundes allzu leichtgläubig — denn sie sollte sich später als völlig ungegründet erweisen! — beistimmte, ihn aber auf den versteckten Hinterhalt, welchen Hr. v. W. in der F. Ztg. fände, und insbesondere auf den kritischen Unfug der 28 ꝛc darin aufmerksam machte — da meinte der Freund wieder, dem seie ja leicht vorzubeugen, wenn ich einen namhaften anderen Korrespondenten der F. Ztg. um eine unpartheiische Kritik meines Buchs noch vor dessen Ausgabe anginge und zwar so, daß diese Kritik in der F. Ztg. gleichzeitig mit meinem Buche erschiene; die Redaktion der letzten müsse dann wohl Anstand nehmen, diese Kritik zurückzuweisen. Ich fand den Vorschlag für sachgemäs und fiel, als der Freund mich fragte, welchen der Korrespondenten der F. Ztg. ich wählen wolle, auf Hn. Jäger. Mit diesem stand ich zwar niemal in näherer Beziehung; ja ich hatte sogar von ihm klare Beweise einer nichts weniger als freundlichen Gesinnung für mich. Für meine Wahl entschied einzig und allein der Umstand, daß ich Hn. J. schon mehre Jahre zuvor mit den Grundzügen meines Regelung-Verfahrens bekannt gemacht hatte. Es war dieß im Jahre 1838 *) bei Gelegenheit einer mir übertragenen Revision der von Hn. J. in dessen damaligen Dienstbezirke (den Gräfl. Erbachschen Waldungen) vollzogenen Ertragsregelung geschehen. Auf den Wunsch des Freundes schrieb ich in dessen Gegenwart ein Paar Zeilen an Hn. J. folgenden wesenlichen Inhalts **): „Meine Druckschrift über W. E. Regelung werde demnächst erscheinen. Die Art und Weise, wie die Kritik in der F. Ztg. gehandhabt werde, lasse mich wünschen, daß ein dritter Unpartheiischer die Rezension meiner Schrift für die F. Ztg. übernähme und es wäre mir angenehm, wenn Hr. J. sich ihr unterziehen und dafür sorgen wolle, daß seine Arbeit gleichzeitig mit

*) — kurz nach dem Erscheinen der Forstbetriebsregelung des Hn. O. Fstm. Karl. Ich wies damal Hn. Jäger die wesenlichen Unterschiede beider Verfahren ausführlich nach; und doch wollte derselbe später glauben machen, mein Verfahren seie fast identisch mit dem des Hn. Karl! —

**) Da ich erst unmittelbar nach dem Abgang dieses Schreibens dessen Inhalt aus dem Gedächtnisse zu meiner Notiz niederschrieb, so kann ich zwar eine wörtliche Uebereinstimmung mit Obigem nicht verbürgen. Daß ich aber den wesenlichen Inhalt getreu wiedergegeben, wird sich ausweisen, wenn die Redakt. d. F. Zeit. meiner hiermit an sie gestellten Forderung zum wörtlichen Abdrucke jenes meines Briefs in ihrem Blatte entspricht. Da letzter nur eine (geschriebene) Octavseite des kleinsten Formats einnimmt, so kann dieser Abdruck räumlich „nicht zu weit führen" — wenn schon in anderer Beziehung viel weiter, als es im eigenen Interesse der Redaktion gelegen sein mag! —

meinem Buche erschiene. (Ich nannte dabei weder Hn. v. W. noch sonst Jemanden, fügte aber, damit Hn. J. auch nicht der leiseste Zweifel „über meine An- und Absichten" bliebe, bei:) Von seiner Beurtheilung erwarte ich nichts weniger als Lobhudelei, sondern blos ungeschminkte Wahrheit; gegründeter Tadel gälte mir so viel, als gegründetes Lob. Nur eins halte ich mir aus, nämlich daß Hr. J. nicht durch seine bekannte Vorliebe für das Hundeshagensche Regelungverfahren sich zu Ungerechtigkeiten gegen meine Schrift verleiten lasse."

Ich glaube nun ruhig der Beurtheilung meiner Leser anheimgeben zu können, ob die strengsten Begriffe von Recht und Schicklichkeit sowohl an meinem Schritte, als auch an dem Inhalte meines Schreibens den leisesten Tadel finden können, wenn man auch von der Eigenthümlichkeit der Lage, in der ich mich befand, ganz absehen will. — Schon 2—3 Tage später brachte mir die Post nachfolgendes Schreiben von dem 26 Stunden von hier entfernt wohnenden Hn. J. Ich lasse es buchstäblich getreu abdrucken: *).

---

*) Daß ich nun, wo mir zur Abwehr einer schmählichen Verdächtigung keine andere Wahl bleibt, das Schreiben des Hn. J. hier veröffentliche wird man nicht tadeln können. War es doch nur der mir — wie wohl jedem nur halbwegs zartfühlenden Menschen — innewohnende unbesiegbare Abscheu vor Veröffentlichung vertraulicher Privatmittheilungen, welcher mich abhielt, obiges Schreiben des Hn. J., sammt dem wahren Sachverhältnisse, schon bei Beleuchtung der Jäger'schen Kritik im vorigen Hefte dieser Bl. dem Publikum vorzulegen. Diesen Brief habe ich im Original in der Verlagshandlung zu Jedermanns beliebiger Einsicht niedergelegt. Ein späteres Schreiben desselben, dessen Veröffentlichung Hn. J sehr unangenehme Folgen zuziehen könnte, unterdrücke ich um so lieber, als es zur näheren Aufklärung des hier in Rede stehenden Sachverhältnisses nicht als absolut nothwendig erscheint.

„Hochgeehrtester Herr College!

„Ihren Brief vom 20. d. M. habe ich erhalten und mit „Vergnügen ersehen, daß Sie sich entschlossen haben, die Taxa- „tionswissenschaft durch eine neue Schrift zu bereichern. Gerne „will ich die Recension Ihrer Schrift übernehmen und ich gebe „Ihnen **mein Manneswort,** daß weder **Hundeshagen** „noch v. Wedekind noch sonst Jemand Einfluß auf mein Urtheil „haben sollen. Ob aber Hr. v. Wedekind, **denn dieser „ist der verkappte Redakteur der Forstzeitung,** „meine Beurtheilung aufnimmt, steht dahin, zumal „er sich für den größten Taxator der Welt hält. Jeden- „falls wird es mich freuen, wenn Sie mir die Schrift schicken, „von der ich mir sehr viel verspreche.

„Entschuldigen Sie meine Eile und genehmigen Sie die Ver- sicherung meiner Hochachtung.

„Erbach, 22. Januar 41. „Ihr ergebenster Diener

Jäger."

Ich habe diesem Schreiben nichts beizufügen. Meine Leser befinden sich nun in der Lage, selbstständig über das ganze Sach- verhältnis urtheilen zu können. Dieses Urtheil, welches ich gewiß nicht zu scheuen brauche, bitte ich zugleich darauf auszudehnen: ob von meiner Seite ein „wiederholtes" Ersuchen um Beurthei- lung meiner Schrift, wie die Redaktion der F. Ztg. versichert, nöthig erscheinen konnte — so wie auch der Art und Weise, in welcher Hr. J. sein so feierlich gegebenes Manneswort in Bezug auf die Hundeshagen'sche Regelung-Methode später gelöst hat, das gebührende Prädikat verleihen zu wollen. Um einzusehen, daß die Redaktion der F. Ztg. einer solchen After- kritik bereitwilligst ihre Spalten öffnen werde, braucht man gerade kein Oedip zu sein.

c) Frhr. v. Wedekind,

welcher hier in der Nachhut erscheint, offenbart hierdurch eine bedeutende Bescheidenheit; offenbar gebührt ihm die erste Stelle in diesem Triumvirate. — Da seine Ausfälle auf mich theils nur ein matter Nachklang der schon oben beleuchteten Schmähungen der Nr. 80 sind, theils nur der Vorlaut eines erneuerten Angriffs auf mich, dem ich weiter unten begegnen werde, so kann ich sie mit Stillschweigen übergehen. — Nur auf einen seiner Vorwürfe seie es mir vergönnt, einige Worte zu erwiedern. Er beschuldigt mich hier und später der „Anmaaslichkeit." Einen sachlichen Grund zu dieser Beschuldigung konnte er nicht haben. Denn wenn ein Schriftsteller eine von ihm viele Jahre hindurch reiflich erwogene, theoretisch und praktisch geprüfte Arbeit endlich vertrauensvoll dem Publikum vorlegt und nun erfahren muß, daß ein mit ihm konkurrirender Kritiker (der sich nicht einmal die Zeit und Mühe nimmt, mit des Autors faßlich entwickelter Lehre in eine auch nur ganz oberflächige Bekanntschaft zu treten) diese Arbeit in mehren öffentlichen Blättern zugleich auf das Leichtfertigste und Uebelwollendste bekrittelt und sich so weit vergißt, neben den Lehren auch die Person des Verfassers zu verunglimpfen, ja sogar dessen amtliche Wirksamkeit zu bedrohen; wenn nun der so und ganz ohne seine Veranlassung gröblich mißhandelte Verfasser sich erlaubt, gegen dergleichen nichtswürdige Angriffe sich zu vertheidigen und zu dem Ende die wissenschaftlichen Blösen und die Winkelzüge seines Gegners, wiewohl mit aller Schonung, aufzuhellen — so wird hierin jeder Unbefangene wohl nur den erlaubten und mäßigen Gebrauch einer abgedrungenen Nothwehr, aber sicherlich keine Anmaasung erblicken können. —

Ebenso wenig wird Hr. v. W. aus unseren beiderseitigen persönlichen Verhältnissen zu unserem gemeinschaftlichen Fache überhaupt und dem betreffenden Fachzweige insbesondere etwa einen Grund zur Beschönigung seines Vorwurfs ableiten wollen. — Die wissenschaftliche und dienstliche Carriere des Hn. v. W. ist, wie mir längst, nun auch dem Publikum aus den Selbstbiographieen des Hn. v. W. bekannt geworden. So berichtet er z. B. im 21. Hefte seiner „Jahrb. d. Fstk.“ : daß er 1811, bei seinem Austritte aus dem Gymnasium, in seinem 15. Jahre das Studium seines Fachs durch einen sogenannten Vorbereitungkursus zuerst eingeleitet, schon im folgenden Jahre 1812 Jagdjunker geworden und nach Göttingen (wo bekanntlich gar kein Lehrstuhl fürs Forstfach bestand) gegangen, im nächsten Jahre 1813 zum Oberforstkollegs-Assessor und zum Lieutenant im Generalstabe avancirt, auch in Dreißigacker gewesen seie; 1814 zu den bereits erworbenen Chargen noch die eines Bataillonchefs bei der Landwehr gefügt, nebenbei schon geschriftstellert habe; 1815 nochmal in Göttingen gewesen, auch titul. Forstmeister geworden und in diesem und folgenden Jahre gereiset seie. — Ob diese kurze Studienzeit und die Art ihrer Benutzung zu einer gründlichen Kenntnis einer so umfangreichen und ganz in der Erfahrung gründenden Wissenschaft, wie des Forstfachs, sammt seiner zahlreichen Hilf- und Nebenfächer genügen konnte, muß geradehin bezweifelt werden. Daß jedoch Hr. v. W. hierin anderer Ansicht war, beurkundete er dadurch, daß er sogleich bei seiner Rückkehr von seinen „Reisen“ (1817) die Feder von Neuem ergriff, um der Mit- und Nachwelt die gesammelten Schätze seiner Kenntnisse und Erfahrungen zugänglich zu machen und in diesem gemeinnützigen Streben bis in die neueste Zeit auf das Beharrlichste fortfuhr. Erwägt man nun, daß derselbe (seinen eigenen Angaben im obigen Hft. s. Jahrb. zufolge) bis daher nicht blos nahe an funfzig bogenreiche Bände und Hefte an das Tageslicht befördert, nebenbei an zweien Lexikon mitgearbeitet, zugleich „vielerlei Aufsätze seit 1814 über Forstwesen und sonstige Angelegenheiten des öffentlichen Lebens in Zeitschriften zerstreut,“ sondern auch (was er nicht berichtet, aber bestimmt behauptet wird) seit einer

Reihe von Jahren die Forst- und Jagdzeitung redigirt, wohl das halbe Material zu dieser geliefert und darin den Hauptrezensenten über alle liter. Erscheinungen des Hauptfachs sowohl, als auch der Hilf- und Nebenfächer, abgegeben und dieß alles neben einem starken amtlichen Referate und einer ausgedehnten Privatkorrespondenz fertig gebracht habe — so wird man zwar seiner fast beispiellosen Schreibfertigkeit die gebührende Verwunderung nicht versagen können, doch nicht wohl abzusehen vermögen, wie ihm hierbei die nöthige Zeit geblieben — nur allein zu einer genauen Durchsicht der von ihm kritisirten zahlreichen fremden Schriften aus so vielerlei Fächern, viel weniger aber dazu, um das früher versäumte Studium seines Fachs und der mit diesem verbundenen Nebenfächer nachholen und den mannigfaltigen Fortschritten derselben folgen zu können. Der Inhalt seiner Schriften und Kritiken bestätigen dieß auch vollkommen, so wie, daß Hn. v. W. die praktische Seite seines Fachs so gut, wie ganz fremd, geblieben seie.

War die vom Herausgeber dieser Blätter verfolgte Laufbahn an äuserem Glanze auch weit weniger gesegnet, so bot sie ihm doch dafür vollen Ersatz in überreichlichen Gelegenheiten, seinen angeborenen Hang zu einer möglichst gründlichen Kenntnis seines gewählten Lieblingfachs in allen seinen Beziehungen und Richtungen befriedigen zu können. Seine Jugend verlebte er in einem vom Walde umgebenen Forsthause, woselbst sein Vater (der Gr. Hess. Forstmeister Wilhelm Heyer, ein wissenschaftlich gebildeter und seinem doppelten Berufe ganz und gar ergebener Mann) neben seinem praktischen Amte eine stark besuchte Forstlehranstalt unterhielt, aus welcher eine grose Zahl vortrefflicher Forstbeamten hervorging. Getrennt von fremden Knaben seines Alters beschränkte sich sein (des Herausgebers) Umgang fast ausschlieslich auf die Forsteleven, deren Unterhaltung meist auf wissenschaftliche Gegenstände sich bezog. Seine liebste Erholung fand er aber darin, daß er in seinen Freistunden (von dem Schulunterrichte durch tüchtige Hauslehrer) den Vorträgen und praktischen Demonstrationen seines Vaters beiwohnen, diesen auf seinen zahlreichen Exkursionen in die benachbarten Wälder begleiten und an den mancherlei forstwirthschaftlichen Operationen selbstthätigen Antheil nehmen durfte. Er wurde so von Kindesbeinen an in die Theorie und Praxis seines Fachs gleichzeitig, wenn auch nur spielend, eingeführt; als Knabe schon war er mit den meisten Forstbetriebsoperationen, der Art ihrer Vornahme, ihren Zwecken und Gründen bekannt und selbst die schwierigeren Materien wurden seinen Begriffen durch die in Folge des Wechsels der Eleven nöthige öftere Wiederholung der Erklärungen und Nachweisungen nach und nach zugänglich und weit früher, als das unter anderen Verhältnissen sonst möglich gewesen wäre. Dieser überaus günstigen Gelegenheit verdankt er es, daß er schon beim späteren Besuche der höheren Classen des Gymnasiums mit dem Forstfache und namentlich mit dessen praktischer Seite vertrauter war, als dieß selbst bei angehenden Forstbeamten gar oft nicht der Fall ist. Er verlies (gleichzeitig mit Hn. v. W.) das Gymnasium, um sich auf der Lehranstalt seines Vaters dem Fachstudium noch 4 Jahre lang zu widmen und nebenbei seinen Vater in dessen praktischen Amte, späterhin auch beim Fachunterrichte zu unterstützen. Besonders nützlich war es ihm, daß er seinen Vater, welcher mit der Taxation der im Großherzogthume gelegenen Waldungen zum Behufe ihrer Besteuerung beauftragt war, auf seinen desfallsigen Reisen begleiten und zuletzt aktiven Antheil an diesem Geschäfte nehmen durfte. Denn nicht nur, daß er dabei das Verhältnis zwischen den Schätzungtheorieen und der Praxis und die mancherlei praktischen Schwierigkeiten in dem Taxationgeschäfte genauer kennen und letzte überwinden lernte und nebenbei grösere Gewandtheit im Schätzen und in der Erhebung und Benutzung aller Thatbestände sich erwarb — sondern er wurde zugleich mit einer Menge fremder Waldungen, ihrem inneren Zustande, ihrer Behandlung, den Mitteln zu ihrer Verbesserung ꝛc besser bekannt, als dieß bei einer blosen Bereisung dieser Wälder möglich gewesen wäre, und gewöhnte sich an einen raschen Ueberblick aller betr. Verhältnisse, welcher ihm späterhin wohl zu statten kam. Um sich für das Lehrfach, zu dem er bestimmt war, noch besser auszubilden, bezog er, nach überstandener Staatsprüfung, 1815 die Universität Giesen, später die Forstakademie Tharandt und bereisete zuletzt einen Theil der interessanteren Waldungen des Auslands. Bei seiner Rückkehr 1817 entschloß er sich, wiewohl ungerne, auf den Rath eines ihm väterlich gewogenen hochgestellten Staatsforstbeamten hin, öffentliche Vorträge über das Forstfach und einige Hilffächer, wie Mathematik, ꝛc in Darmstadt zu halten. Wenn er, wie bemerkt, nur ungerne sich hierzu verstand, so lag der Grund lediglich in seiner Ueberzeugung, daß derjenige, welche Andere fruchtbar unterrichten will, erst selbst etwas Tüchtiges wissen müsse, daß aber die ihm (dem Herausgeber) bisher gebotene, obschon noch so günstige, Gelegenheit nicht zureichend seie, ein so umfangreiches und schwieriges Erfahrungfach, wie die Forstwissenschaft, in ihren vielfachen Beziehungen gründlicher kennen zu lernen, daß zur Beseitigung der vielen Lücken und Zweifel eine grose Zahl solcher Untersuchungen und Versuche erfordert werde, wie sie nur allein den praktischen Forstbeamten zugänglich sind. Von dieser Ueberzeugung vermochten ihn weder der unerwartet zahlreiche Besuch seiner Vorträge, noch der Fleis und das Zutrauen seiner Zuhörer (welche zum Theil viel älter waren, als er selbst, und worunter sich mehre schon angestellte Forstbeamten befanden) abzubringen; sie befestigte sich vielmehr während seiner Vorlesungen, welche ihm das weite Feld rückständiger Forschungen noch klarer vor Augen führte und seinen Entschlus reiften, das Lehrfach mit einer praktischen Forststelle zu vertauschen. In den 26 Jahren, während welcher er seitdem als Revierförster, Forstverwalter und Forstinspektor in fünf verschiedenen Forsten von sehr abweichenden Lokalverhältnissen thätig war, und auf seinen zahlreichen Ausflügen in andere Waldungen des In- und Auslands fand er vollauf Gelegenheit zur Läuterung und Erweiterung seiner Fachkenntnisse und er hat, wie er versichern darf, diese Gelegenheit eifrigst und nach allen seinen Kräften benutzt. Deshalb glaubte er auch dem an ihn später ergangenen Rufe zu dem Lehramte, welches er nun seit 17 Jahren und bis vor 2 Jahren neben einem praktischen Amte bekleidet, mit besserem Vertrauen in seine Leistungen folgen zu können.

Das Publikum befindet sich nun in der Lage, darüber abzuurtheilen, ob Hr. v. W. etwa aus unserer beiderseitigen äuseren Stellung zum Fache einen triftigen Grund herzuleiten vermochte, mich deshalb der Anmaasung zu zeihen, weil ich gewagt habe, seine unwürdigen Angriffe auf meine Schrift über „W. E. Regelung" abzuwehren. Blos für diesen Zweck, um nämlich meine Leser in jene Lage zu versetzen, habe ich obige Parallele gezogen und ziehen müssen. Sie beabsichtigt nichts weniger, als etwa eine eigene Erhebung durch Herabsetzung meines Gegners. Niemand kann bereitwilliger, als ich, die guten Eigenschaften des Hn. v. W. anerkennen; ich schätze seine leichte Auffassunggabe und seine Federgewandtheit, und erkenne seine beharrliche Ausdauer im Verfolgen seiner Zwecke gerne an. Je höher ich den Werth dieser Gaben an und für sich anschlage, um so inniger kann ich es aber auch nur beklagen, daß Hr. v. W. mit dem ihm verliehenen Pfunde nicht besser im Interesse sowohl der Wissenschaft, als auch seiner selbst, zu wuchern verstanden, daß er nämlich die Benutzung der Gelegenheit zu einer innigeren Befreundung mit seinem Fache einer voreiligen Parforcejagd nach ephemerer Celebrität geopfert habe. — Unbedingt mißbilligen muß ich aber die Mittel und Wege, deren er sich zur Verfolgung seiner eitlen Zwecke bedient, daß er die wissenschaftliche Suprematie, welche er durch seine Vielschreiberei und das Beherrschen mehrer Zeitschriften schon errungen zu haben vermeint, mit Hilfe einer gehässigen Kritik sich sichern zu müssen glaubt, deshalb diejenigen, welche die

Früchte ihrer vieljährigen mühsamen Forschungen zum Besten der Wissenschaft zu veröffentlichen wagen, dann, wenn ihre Resultate nicht mit seinen im Fluge edirten Stubenkompilationen harmoniren, zu bekämpfen sucht und sich dabei ganz verwerflicher Waffen bedient.

Eine Probe dieser Taktik gab Hr. v. W. in der Kritik, welche er im 21. Heft s. Jahrb. über meine W. E. Regel. lieferte, obschon ich in dieser meiner Schrift alles sorgfältig vermieden zu haben glaube, was dem Hn. v. W. auch nur den Schein einer Veranlassung zu einem feindlichen Auftreten gegen mich bieten konnte. Ich benutzte dieses Machwerk als einen passenden Beleg zu der von mir im vorigen Hefte dsr. Bl. gerügten Unzucht, welche dermalen mit der forstwissenschaftlichen Kritik getrieben wird; und fügte zugleich meiner Beleuchtung einen wörtlichen Abdruck der von Wedekind'schen Kritik bei, theils zur Bequemlichkeit meiner Leser, theils auch um der etwaigen Einrede meines Gegners : daß ich den Sinn seiner Angaben nicht getreulich wiedergegeben — im voraus zu begegnen. Da somit das Publikum sich ganz in der Lage befand, selbstständig urtheilen zu können, so mußte jede Entgegnung von der einen wie von der anderen Seite nicht blos als völlig überflüssig, sondern sogar als Mißtrauen in die Urtheilsfähigkeit aller Sachverständigen erscheinen. Damit war jedoch meinem Gegner schlecht gedient. Sein Interesse gebot, diesem Urtheile um jeden Preis zuvorzukommen und es möglichst zu seinen Gunsten zu lenken. Diesen verzweifelten Versuch wagte er im 25. Hefte seiner Jahrbücher. Wir werden die Gröse des Einsatzes kennen lernen, den er diesem trügerischen Spiele zum Opfer brachte.

Die Einleitung seiner Replik : — einerseite die Bemäntelung seiner ersten Kritik mit der desfallsigen Sehnsucht seiner Jahrbuchsleser, das Loblied auf seine dabei bewiesene Schonung und Unpartheilichkeit, das Pochen auf seinen wohlerworbenen und dabei fest begründeten Ruf, die Beschönigung seiner Willkühr in der Auswahl der Vertheidungpunkte mit vornehmer Berufung auf

„wichtigere Geschäfte" ꝛc — so wie andererseite sein mir gewidmetes schmerzliches Beileid wegen des mir drohenden allgemeinen Verdammungurtheils, weil ich sogar gewagt, die mir mit freiherrlicher Gnade bewilligte devote Defensive in eine mannhafte Offensive umzukehren, die krankhafte Gemüthsstimmung, in die er mich zu versetzen beliebt — dieß Alles kann füglich unerörtert bleiben; ich will sogar gerne zugeben, daß er in dergleichen Schnurrpfeifereien die letzten Mittel zur Vertheidigung einer schlechten Sache aufgetrieben habe. Allein daß er es gewagt, den „gesunden Menschenverstand" zu seinem Beistande zu zitiren, sich auf die Sachkenntnis seiner Leser zu berufen und dabei, wenn auch nur leise, die Voraussetzung anzudeuten, daß die Leser seine frühere Kritik mit meiner Beleuchtung derselben verglichen — dieß beurkundet einen so beispiellosen Grad von Keckheit, wie ich ihn selbst meinem Gegner nimmer zugetraut hatte. Vielleicht schmeichelte er sich mit der Hoffnung, das von der Nr. 80 gegen meine Beiträge zur Forstwissenschaft geschleuderte Anathem seie wirksam genug, um meiner Beleuchtung den Zugang in das Publikum zu versperren, wo es freilich ein minder gefährliches Wagstück war, den Lesern seiner Replik ein X für ein U zu setzen. Diese Kunst erscheint hier im grosen Maasstabe geübt. Die Replik bildet eine lange, mit Proben mangelnder Sachkenntnis reichlich durchflochtene Kette von Sinn-Entstellungen und Verdrehungen, welche man — will man meinem Gegner nicht das einfachste Begriffsvermögen absprechen — als literarische Fälschungen bezeichnen müßte. Es hiese offenbaren Mißbrauch mit der Nachsicht unserer Leser treiben, wollte ich diesen grosen Raum fordernden Nachweis an allen den 39 Entgegnungen des Hn. v. W. hier liefern *); ich beschränke

---

*) Ohnehin finde ich in der nöthig gewordenen 2. Aufl des I Hefts meiner Beiträge ꝛc demnächst Gelegenheit, diese Nachweise auf **kleinstem Raume** nachzuholen.

mich deshalb nur auf eine einzige und bestimme dazu — auf jede Auswahl verzichtend — die erste. Die Sachlage ist folgende.

Im § 5 meiner W. E. Regelung hatte ich gerügt, daß man gegen die Regeln einer wissenschaftlichen Systematik, in die Taxat. Schriften solche Materien ihrem ganzen Umfange nach aufnehme, welche in dieser Ausdehnung nicht dahin gehörten, sondern in andere Fachzweige, in denen sie auch längst ihre Stelle behaupteten. Jenes Verfahren hat nicht blos seine langweilige Seite für die Leser, sondern vertheuert auch die Bücher ohne Noth. Gemäs dieser Ansicht, welche in anderen Fächern schon längst praktische Geltung sich erworben, behandelte ich in meiner Schrift die Rücksichten bei der Wahl der Holz-, Betriebs-, Kultur- und Waldbehandlungarten und Umtriebszeiten — weil diese Materien in dem Waldbaue, der Statik und Waldwerthrechnung ihren Platz behaupten — nur in einem für die W. E. Regelunglehre geeigneten Umfange ab. Nun hatte aber zufällig Hr. v. W. seinen Taxationschriften eine äuserst weitschichtig angelegte Abhandlung über die Umtriebszeiten einverleibt, dagegen die anderen vorgenannten, doch gleich wichtigen Fachmaterien ganz stiefväterlich behandelt, und glaubte nun aus seinem inkonsequenten Verfahren einen Vorwurf gegen mich, ja eine Unbrauchbarkeit meiner Schrift ableiten zu können (Jahrb. H. 21 S. 109). Ich mußte ihm entgegnen, daß ich seine Ausstellung aus 2 Gründen nicht für ernstlich gemeint halten dürfe: — einmal, weil er ja selbst (Jahrb. H. 21 S. 112) das von mir vorgeschlagene einzige Mittel zur Einleitung und Festhaltung der normalen Haubarkeitalter, nämlich die Errichtung von Betriebsklassen, verworfen habe; — zum anderen, weil er sonst konsequent dasselbe Desiderium auf jene anderen Gegenstände, die er doch in seinen eigenen Schriften nur ganz oberflächig berührt, ausgedehnt haben würde. — Gegen diese beschämenden argumenta ad hominem war nichts Erkleckliches einzuwenden. Allein Hr. v. W. wollte nun einmal einwenden; und da dieß mit einigem Erfolg bei dem klaren Wortlaute meiner Entgegnung nicht möglich war, so wich dieser einem anderen. Die Ausführung dieses quid pro quo wolle man aus der Vergleichung der nachfolgenden wörtlichen Abdrücke meiner Entgegnung unter A (aus dem I Hft. m. Beitr. S. 117) und der Replik des Hn. v. W. unter B (Jahrb. Hft. 25 S. 172) entnehmen. Nur die Zusätze in [ ] rühren von mir her.

A.

„56. Die Ansicht des Hn. Rezens. theilen wir nicht und zwar aus den in Note zu § 5 uns. W. E. Regel. angegebenen Gründen, deren bessere Beherzigung wir gewünscht hätten. Versetzt er denn etwa die Wahl der Holz-, Betriebs-, Verjüngung- und überhaupt der Waldbehandlung-Arten nicht auch in die Kategorie der „Hauptmomente“? Will er denn die Erörterung dieser statischen Momente ihrem ganzen Umfange nach der Waldertrags-Regelung einverleibt wissen? Und warum hat er denn in seiner Forstbetriebsregulirung de 1834 S. 24 u. 25 diese Momente mit der blosen trocknen Aufzählung einer unvollständigen Literatur und der naiven Bemerkung: „er wisse nichts Neues über diese Themata zu sagen“ — abgefertigt? Verlangt er etwa auch eine Aufnahme des Waldbaues und glaubt er, die Gründe, welche Hn. Cotta bestimmten, seiner F. Taxation de 1804 eine vollständige Behandlung der Rothbuchen-

B.

„Ich hatte S. 119 des 21 Hefts bemerkt, daß im vorliegenden Buche die Anleitung zur Bemessung des Umtriebs und des Haubarkeits-Alters nicht fehlen sollte. Der Verf. erklärt sich S. 117 seiner Beiträge hiermit nicht einverstanden und frägt: a) ob ich die Erörterung dieser [blos dieser?] statischen Momente ihrem ganzen Umfange nach der W. E. Regelung einverleibt wissen wolle? und b) ob ich etwa auch eine Aufnahme des Waldbaues verlange? [Welch' beispiellose Oekonomie in Worten und — Wahrheit!]

Ich antworte zu (a) so lang, als die Statik [wo bleiben denn die Waldbaulehren?] noch nicht bearbeitet vorliegt, allerdings Ja und werde selbst nach Erscheinung einer besonderen Statik oder Verhältniskunde immerhin nöthig finden, daß man zwar nicht die ausführliche Darlegung der statischen Verhältnisse, aber wohl deren Anwendung bei der Wahl und Bestimmung sowohl der Umtriebszeit als [auch] des besonderen Haubarkeitalters [warum denn nicht auch der Holz-, Betriebs- ꝛc Arten?] und die auser den statischen Verhältnissen noch in Betracht kommenden weiteren Gründe in einer Anleitung zur Forst-Betriebsregulirung durchaus lehren und erörtern solle. Wie sehr ich für besondere Bearbeitung der Statik bin, habe ich durch mein System derselben im 18. Hft. ds. Jahrb. bewiesen, zugleich auch deren Gebiet begrenzt. [Wozu das hier?] Die Erwägungen über Zeit des Umtriebs und Alters der Haubarkeit sind so mannigfach und doch so eingreifend in die ganze Regulirung

Hochwälder einzuweben — seien jetzt noch vorhanden? Setzt nicht das Studium der Taxation das des Waldbaues voraus? Und findet sich nicht schon in den meisten besseren Werken über Waldbau auch eine Anleitung zur Auswahl der Umtriebszeiten? — Allein wozu diese Fragen, da ja Hr. Rezens. weiter unten (siehe Text zu Note 69) offen bekennt, daß es mit seinem Tadel in sachlicher Hinsicht ganz und gar nicht ernstlich gemeint seie, und daß die ganze Lehre von der Umtriebszeit nicht etwa um der Praxis, sondern höchstens um der Theorie (und dergleichen Ausstellungen?) willen einigen Werth besitze, worin wir ihm aber keineswegs beistimmen können." —

[Den Rest meiner Note 56, welcher die Richtigkeit mehrer kleinlicher, nicht hierher gehöriger, Bekrittelungen des Hn. v. W. erwies, unterdrücke ich hier, weil Letzter diesen Nachweis nicht beanstandet hat.]

und Ertragsberechnung [ist das bei den Holz-, Betriebs- ꝛc Arten etwa weniger der Fall?], daß sie einen unerläßlichen Bestandtheil eines Lehrbuchs hierüber bilden. Sie betreffen namentlich auch für die Methoden, bei welchen der Normalvorrath und Durchschnittszuwachs eine so grose Rolle spielen, die wichtigste Vorfrage. Es ist folglich [?] ein Hauptmangel, wenn der Schüler in einem Lehrbuche hierüber vergeblich nach einer Anleitung sucht, wie er sich diese Vorfrage beantworten soll. [Ein vernünftiger Schüler sucht wohl am rechten Orte!] Ich habe sie [die bewußte „sie"!] daher auch nicht, wie H. Heyer mir Schuld zu geben scheint, [— scheint!? Ich begrüse diesen ersten matten Schimmer von Gewissenhaftigkeit, obschon auch er trügt; auf den von mir allegirten S. 24 u. 25 seiner F. B. R. ist ja von den Umtriebszeiten keine Rede, sondern blos von Holz- und Betriebsarten ꝛc] mit einer bloßen Verweisung auf die Literatur abgethan, sondern diesem [inkonsequent: blos diesem!] Thema in meiner Anleitung von 1834 sechs und zwanzig volle Seiten [dagegen der Wahl der Holz- und Betriebsarten nicht halb so viele unvolle Zeilen!] gewidmet, so wie in §§ 37, 38 u. 39 m. Instrukt. v. 1839 eine gedrängte Zusammenstellung der Hauptmomente gegeben.

Zu (b) waltet kein Streit ob [gewiß nicht!], daher ich hier [wo sonst etwa?] eine Erörterung nicht nöthig finde."

Wem etwa nach mehren und noch stärkeren Proben eines gleich wackeren Bestrebens von Seiten meines Hn. Gegners, seinen bereits wohlbegründeten Ruf noch weiter zu befestigen, gelüsten sollte, dem rathe ich, dessen nachfolgende 38 Entgegnungen im 25. Hft. s. Jahrb. mit den betreffenden Stellen im I Heft meiner Beiträge genau zu vergleichen.

So sehr und von ganzem Herzen ich wünschte, von ihm hiermit Abschied nehmen zu können, so sehe ich mich doch genöthigt, noch auf eine seiner Entgegnungen von gröserer wissenschaftlicher Bedeutung hier darum einzugehen, weil solche durch eine ausdrückliche Aufforderung von meiner Seite veranlaßt worden ist.

Im § 12 meiner W. E. Regelung habe ich die wesenlichen Grundbedingungen des Waldnormalzustands für den strengsten jährlichen Nachhaltbetrieb auf dreie zurückgeführt — normalen Vorrath und Zuwachs und normale Alter- sammt Schlag-Reihe für den schlagweisen Betrieb. Demzufolge konnte ich auch in §§ 48—52 alle in Praxi vorkommenden Abnormitäten auf fünf Hauptfälle reduziren — auf 3 einfache, wenn nur eine von jenen 3 Bedingungen abnorm beschaffen ist, die andern beiden aber normal; und auf 2 zusammengesetzte, wenn nämlich die Abnormität auf 2 oder 3 dieser Bedingungen sich erstreckt und dieser Fall wieder entweder nur bei einer oder bei mehren (oder allen) Betriebsklassen vorkommt. Jeden dieser 5 Fälle behandelte ich einzeln, unter Nachweisung der besten Mittel zur Beseitigung des abnormen und zur Herstellung des normalen Waldzustands; im § 48 den ersten Fall: abnorme Schlag- und Alterfolge, bei normalem Vorrathe und Zuwachse, wo ich nachwies, daß die fehlende Alter- und Schlagreihe sich ganz von selbst herstelle, wenn man den Gesammtzuwachs in dem jedesmal ältesten Holze fortnutzt; — im § 49 den zweiten Fall: abnormer Vorrath, bei normalem Zuwachse und normaler Alter- und Schlagreihe, wobei ich lehrte, daß — weil die Vorräthe in geradem Verhältnisse zu den festgesetzten normalen Umtriebszeiten stünden — ein vorhandener gröserer oder kleinerer Vorrath, als der normale, nothwendig zu einer höheren oder niedereren Umtriebszeit hinführen müsse, sobald man den wirklichen Etat dem Gesammtzuwachse gerade gleich setzt, und daß zur Verhütung dessen und zur Einhaltung der gewählten U.-Zeit ein Vorraths-Manko vorerst durch Herabsetzung des jährlichen Etats unter den jährlichen Zuwachs zu decken seie, daß dagegen ein Vorraths-Ueberschus sobald, als es die Umstände gestatteten, durch

Erhöhung des Etats über den Zuwachs hin herausgezogen werden dürfe; — im § 50 den dritten Fall: abnormer Zuwachs, bei normalem Vorrathe und normaler Alter- und Schlagfolge, wo ich unter anderem zeigte, daß der Normalvorrath sich nur dann festhalten liese, wenn man den jährlichen Etat dem jährlichen abnormen Zuwachse gerade gleichstellte; — in den §§ 51 und 52 endlich den vierten und fünften Fall: wenn 2 oder alle 3 der vorerwähnten Abnormitäten zugleich entweder bei einer oder aber bei mehren Betriebsklassen vorkämen, wo ich wieder zu dem desfallsigen Verfahren anleitete.

Von ganz besonderer Wichtigkeit für das Interesse aller Waldeigenthümer ist das Resultat, welches sich aus meiner Behandlung des ersten Falls ergibt: daß nämlich dann, wenn nur die regelmäsige Schlag- und Alterreihe fehlt, diese sich ganz von selbst herstellt, sobald man den Gesammtzuwachs — hier zugleich der höchstmögliche normale Etat! — im ältesten Holze nachhaltig fortnutzt. Diese an sich schon einleuchtende Wahrheit ist von mir zugleich im § 48 an dem **denkbar ungünstigsten** Beispiele, worin ich bei Unterstellung einer 100jährigen Umtriebszeit nur eine einzige Alterstufe — anstatt der für den Normalzustand nöthigen 100 Stufen von 1—100 Jahren angenommen hatte, näher nachgewiesen worden. Es ergab sich, daß bei ununterbrochener Abnutzung des höchsten oder Normaletats der Wald schon innerhalb der ersten U.-Zeit dem vollen Normalzustand sich fast durchaus, nämlich so weit näherte, daß von der zweiten U.-Zeit an alles Holz gerade oder doch sehr nahe im normalen Alter zur Fällung kam, daß nur 7—8 Prozente (der Masse und der Fläche nach) um 10—11 Jahre früher oder später genutzt werden mußten, und daß auch innerhalb dieses zweiten Umtriebs die normalen Schlagflächen sich fast mathematisch genau abgränzten. Man sieht, dieses Ergebnis ist so günstig, wie es sich bei den vollkommensten Waldzustandsverhältnissen in Praxi kaum erwarten läßt, zumal bei Hochwäldern mit 100jährigem Umtriebe. Es spricht aber auch zugleich für die Unzweckmäsigkeit anderer Regelungverfahren, insbesondere der Fachwerke, aus deren Schoos bekanntlich die sogenannte „Organische" des Hn. v. W. entsprossen ist.

Letzter sah die tödtliche Wunde, die seinen Liebling betroffen, und wenn er sie auch nicht zu heilen vermochte, so suchte er sie doch zu verhüllen. Das Mittel hierzu erblickte er (Jahrb. Heft 21 S. 21) theils in der Vorspiegelung : in dem obigen Beispiele stellte sich nach meinem Verfahren der Normalzustand erst vom dritten Umtriebe an her; theils in der ins Blaue hinein gewagten Behauptung : die „Organische" führe weit früher zu gleichem Ziele.

Da ich nun weit grösere Sympathie für das Interesse der Wahrheit, Wissenschaft und Waldbesitzer empfinde, als für die „Organische" des Hn. v. W., so hielt ich mich für verpflichtet, (Beitr. Heft I Noten 88 und 89) das ersterwähnte unwahre Einschiebsel des Hn. v. W. gebührend zu removiren und zugleich die Unwahrheit des zweiten Theiles seiner Behauptung an dem im § 48 meiner W. E. Regelung gegebenen Beispiele seinen Begriffen zugänglicher zu machen.

In diesem Beispiele hatte ich eine zum 100jährigen Umtriebe bestimmte Betr.-Klasse von 1000 Mrg. und 1 Stecken durchschn. jährl. Abtriebsertrag (oder Zuwachs) pr. Morgen angenommen und unterstellt, die ganze Fläche seie durchaus mit 50jährigem Holze (ohne Angabe der Holzart) vollkommen bestanden und besäse von diesem Alter an aufwärts einen dem normalen gleichkommenden jährlichen Durchschnitt-Zuwachs. Dieser Unterstellung zufolge kam der wirkliche Vorrath der Klasse = 1 × 50 × 1000 = 50000 St. dem normalen = (1 × 100 × 1000) : 2 = 50000 im Betrage genau gleich und es konnte, meiner obigen Anleitung gemäs, der jährliche normale Etat = dem durchschnittlichen jährlichen Abtriebszuwachse oder Ertrage = 1000 St. gleich von vornherein und nachhaltig bezogen werden. Da ich zur Abkürzung der Rechnung die volle Umtriebszeit in 5 20jährige Perioden getheilt hatte, so betrug für jede dieser Perioden der Etat 20000 St. und die normale Schlagfläche 200 Mrg. — In der nachstehend nochmal abgedruckten Uebersicht stellte ich die Resultate zusammen, welche sich nach meinem Verfahren (unter A), nach dem reinen Fachwerke (unter B) und nach der Flächeneintheilung (unter C) für den ersten Umtrieb ergeben.

Perioden.	A		B		C	
	Perioden-Flächen	Perioden-Etats	Perioden-Flächen	Perioden-Etats	Perioden-Flächen	Perioden-Etats
	Mrgn.	Stkn.	Mrgn.	Stkn.	Mrgn.	Stkn.
I	172,490	20000	305,000	18300	200	12000
II	250,000	20000	228,750	18300	200	16000
III	200,000	20000	183,000	18300	200	20000
IV	166,667	20000	152,500	18300	200	24000
V	210,843	20000	130,750	18304	200	28000

Zugleich theile ich die periodischen Schlagflächen mit, wie sie sich nach meinem Verfahren (unter A) für den zweiten Umtrieb gestalten. Die Zahlenreihe hinter a giebt sie so, wie ich sie S. 78 meiner W. E. Regelung für eine nicht ganz scharfe Annahme der mittlen Abtriebsalter berechnet hatte; die hinter b für eine genauere Berechnung dieser Alter.

Perioden des 2. Umtriebs		I.		II.		III.		IV.		V.		
Periodenschlagflächen	a	203	+	200	+	196.4	+	198.3	+	202.3	=	1000 Mrgn.
	b	201.3	+	200	+	197.3	+	200.2	+	201.2	=	1000 »

Schon ein flüchtiger Ueberblick führt zu der Ueberzeugung, daß die Ergebnisse unter A die möglichst günstigen sind und nichts zu wünschen übrig lassen; daß dagegen das echte Fachwerk unt. B im ersten Umtriebe einen Etat liefert, welcher um 8.5 Proz. (d. h. um ebenso viele Jahresetats) gegen A oder den Normaletat zurückbleibt, und darüber ganz in Ungewißheit läßt, ob und wann der Waldnormalzustand jemal eintreten werde; daß endlich mittelst der Flächen-Eintheilung unter C dieser Normalzustand am Ende des ersten Umtriebs zwar erreicht werden könne, daß dagegen — im gänzlichen Widerspruche mit dem Prinzipe des strengsten Nachhaltbetriebs, welches möglichste Etats-Gleichstellung vorschreibt — die period. Etats um das 2—3fache von einander abweichen und daß dabei die erste Hälfte der Umtriebs sehr verkürzt wird. Vergleicht man endlich die Flächen- und Etats-Resultate unter B mit denen unter C, so kann darüber kein Zweifel bleiben, daß die von manchen Fachwerkern geträumte Möglichkeit, durch gegenseitige Verbindung dieser beiden Methoden die eigenthümlichen Mängel beider mildern oder gar beseitigen zu können, sich hier nimmer realisiren lasse. Da ich nun nicht wissen konnte, zu welchem jener 3 Fachwerksfähnlein in diesem Falle Hr. v. W. seine partheigängerische „Organische" überlaufen lassen würde, so mußte ich ihm mit dieser Wahl zugleich es anheimgeben, unter seiner eigenen Leitung seinen Liebling operiren zu lassen.

So klar es am Tage lag, daß seine „Organische" in diesem Wettkampfe nicht bestehen könne, so lies sich mein Gegner dadurch doch nicht abschrecken. Was auf geradem Wege nicht zu erreichen war, sollte auf krummen erfolgen. Lernen wir diese kennen!

Der Taktik des Hn. v. W. verdanken wir eine nagelneue Holzertragstafel. Mögen auch Andere sich darüber wundern, warum er nicht lieber eine von den Tafeln, womit er erst wenige Jahre zuvor in dem Tabellenbeiwerke zu seiner „Instrukt. zur Forstbetriebsreg." das Publikum beglückt hatte, hier zur Anwendung brachte; — ich finde darin ganz und gar nichts Befremdliches. Warum sollte er, der die Wissenschaft ganz ohne Noth mit dergleichen Tafeln beschenkt hatte, jetzt, wo er selbst in Noth stack, nicht auch einmal eine solche Tafel zu seinem Nutzen komponiren dürfen? Und wer sähe nicht ein, daß seine früheren Tafeln zu seinem vorhabenden Zwecke darum nicht gut geeignet sein konnten, weil in ihnen der höchste Durchsch. Zuwachs theils zu frühe eintrat (bei Kiefern schon im 60. Jahre) theils zu lange anhielt (bei Buchen 40 Jahre lang); und daß er daher für diesen speziellen Fall einer anderen Tafel bedurfte, worin der normale Durchschnittzuwachs möglichst spät anfing und wieder recht bald nachlies? — So entstand das jüngste Wunderkind seiner Laune, das ich hier meinen Lesern vorführe. Die oberste Zahlenreihe (a) bezeichnet die Bestandsalter; die zweite (b) den durchschn. jährl. Gesammtalters-Zuwachs pro Morgen, den höchsten = 1 gesetzt; die dritte (c) den periodisch-jährlichen Zuwachs von 10 zu 10 Jahren

a	50	60	70	80	90	100	110	120	130	140
b	0.74	0.823	0.887	0.935	0.971	1	1	0.987	0.965	0.937
c	1.24	1.26	1.28	1.26	1.20	1	0.84	0.7	0.58	0.48.

Hiernach verlegt er den Eintrit des höchsten durchschn. Gesammtalters-Zuwachses, welchen ich in meinem obigen Beispiele vom 50. Jahre an als vorhanden und bleibend unterstellt hatte, gerade in das allerletzte Jahr des von mir angenommenen 100jähr. Umtriebs und läßt ihn schon nach 10 Jahren wieder sinken.

Mag sich auch Hr. v. W. auf diese List viel zu gut gethan haben, so bleibt es doch völlig unbegreiflich, wie er hoffen mochte, aus seiner Tafel — und wäre diese noch viel naturwidriger, als sie es schon ist, konstruirt — den mindesten Vortheil für seine „Organische" und den kleinsten Nachtheil für mein grundsätzliches Verfahren ableiten zu können, wenn er anders den richtigen Gebrauch seiner Tafel verstand und ausüben wollte. Allein die richtige Anwendung solcher Tafeln ist nun einmal meines Hn. Gegners starke Seite nicht, und er beurkundet dadurch eine wahre Originalität. Denn während die meisten im praktischen Forstdienste ergrauten Männer aus dem oft sehr reichen Schatze ihrer desfallsigen Erfahrungen doch keine gute und vollständige Ertragstafel — wäre es auch nur für eine einzige Holz- und Betriebsart und Bonität — zusammenzusetzen sich getrauen, dagegen mit Recht von jedem zur Prüfung geladenen Forsteleven die an sich so einfache theoretische Anwendung vorliegender Tafeln auf einzele gegebene Fälle fordern — so befindet sich Hr. v. W. — der Verfasser dreier bogenreicher Tarationschriften — in der umgekehrten Lage. Für ihn, der wohl schwerlich je einmal einen einzigen Holzertragsversuch im Walde gemacht, ist es Kinderspiel, Ertragstafeln — und zwar ganz nach Belieben, nur spezielle für einzele Holzarten und Bonitäten, oder auch generelle für alle Holzarten 2c zusammen, wie hier — an seinem Schreibpulte zu schaffen; dagegen scheint ihm die einfache Gabe, sein Spielzeug auch gehörig zu handhaben, gänzlich versagt zu sein. In dem vorliegenden Falle bewährt er dieß durch eine lange Reihe der gröbsten Schnitzer.

Meine Leser erinnern sich, daß ich in dem obigen Beispiele von den 3 Grundbedingungen zweie, nämlich den Vorrath und Zuwachs als normal, und nur die dritte — die Schlag- und Alterfolge — als abnorm angenommen hatte. Nur unter dieser Voraussetzung konnte die im § 48 in W. E. Regel. gelehrte Behandlung auch Anwendung auf dieses Beispiel finden, was auch Hr. v. W. ausdrücklich und wiederholt anerkannt hat (m. s. Jahrb. Hft. 21. S. 121 und Hft. 25 S. 190). Daß dagegen in den von diesem ganz verschiedenen Fällen : wenn nämlich entweder blos der wirkl. Vorrath oder blos der wirkl. Zuwachs, oder dieser oder jener oder beide zugleich mit der Alter- und Schlagreihe in einer Betr.-Klasse abnorm wären — ganz andere Verfahren einzuhalten seien, hatte ich, wie schon oben erwähnt, in den unmittelbar nachfolgenden §§ 49—51 meiner Schrift und gewiß in sehr leicht faßlicher Art dargelegt.

Nun ändert aber Hr. v. W. die von mir gegebenen Grundlagen meines Beispiels durchaus ab, ohne dieß nur im entferntesten zu ahnen — hält dessenungeachtet mein für einen von dem seinigen ganz verschiedenen Fall gelehrtes Verfahren ein und muß deshalb auch nothwendig zu ganz entgegengesetzten und falschen Resultaten gelangen. Ich setze die Resultate seiner auf 2 volle 100jährige Umtriebszeiten ausgedehnte, mitunter sogar jahrweise (!!) ausgeführte Rechnung, welche ihn zu seinem nicht geringen Erstaunen zu einer Abkürzung der norm. 100jähr. Umtriebszeit bis unter 80 Jahre herab führte, aus s. Jahrb. Hft. 25. S. 192 ff. hierher. Die mit * bezeichneten Flächen sollen nach ihm 2mal in einem Umtriebe zur Nutzung kommen.

Umtriebe.	Perioden.	Bestandsalter in der Mitte der Abtriebsdauer.	Abtriebs-Ertrag pro Morgen Stecken.	Periodische Hiebsfläche im Einzelen Mrg.	Periodische Hiebsfläche im Ganzen Mrg.	Perioden-Etat in Stecken.
1	I	60	$49._{4}$	405	405	20000
	II	80	$74._{4}$	267	267	20000
	III	100	100.	200	200	20000
	IV	118	117.	128	200	20000
		76	$69._{7}$	* 72		
	V	80	$74._{8}$	* 274	274	20000
2	I	87	$83._{6}$	59	259	20000
		80	$74._{6}$	200		
	II	100	100.	67	245	20000
		80	$74._{6}$	178		
	III	100	100.	22	280	20000
		80	$74._{6}$	200		
		60	$49._{4}$	58		
	IV	80	$74._{6}$	216	270	20000
		78	72.	* 54		
	V	90	$87._{4}$	* 205	247	20000
		60	$49._{4}$	* 42		

Wie man sieht, behielt hier Hr. v. W. das von mir unterstellte 50jährige Bestandsalter bei, theilt diesem aber nicht, wie ich gethan, auch den norm. Durchschn. Zuwachs = 1 pro Mrg. zu, sondern den viel geringeren = $0._{74}$ seiner Ertragstafel — und gewahrt nicht einmal, daß die so beträchtliche Verminderung eines wesenlichen Vorrathfaktors doch auch nothwendig eine ebenso grose Verminderung des von mir als normal gesetzten Vorrathbetrags nach sich ziehen müsse, daß $0._{74} \times 50 \times 1000$ (= 37000) doch nicht gleich $1 \times 50 \times 1000$ (= 50000) sein können, daß vielmehr aus seiner Annahme ein Vorrathsdefekt von 50000 — 37000 = 13000 oder 26 Proz. resultire! Meinen von ihm anerkannten Bedingungen zuwider setzt er, neben der Schlag- und Alterreihe, nun auch den wirkl. Vorrath abnorm und diesen um 26 Proz. zu niedrig.

Ich wäre weit entfernt, die Rechnungfehler an und für sich meinem Gegner hoch anrechnen zu wollen — wer hätte sich nicht einmal, zumal in solcher Eile, verrechnet? — Allein die Thatsache: daß Hr. v. W. seinen groben Irrthum selbst dann nicht einmal entdeckte, nachdem er zu diesem durch die Ergebnisse einer weit ausgedehnten Rechnung unmittelbar hingeführt worden war — ja, daß er diese weitschichtige und mühsame Rechnung überhaupt nur für nöthig erachten konnte — — diese Thatsachen gestatten kaum einen Zweifel darüber, daß jener Fehler nicht etwa einer blosen Uebereilung, sondern vielmehr einem (wenn auch schwer begreiflichen) Mangel an Fach- und Sachkenntnis sein Dasein verdankt.

Da ich in gedachtem Beispiele den wirkl. Vorraths- und Zuwachs-Betrag als normal angenommen und wieder den jährl. Etat dem wirkl. Durchschn. Zuwachse gleich gesetzt hatte, so lag ja auf flacher Hand, daß der vorhandene Vorrath durch die jährlichen Fällungen keine Schmälerung erleiden konnte, so wenig wie irgend eine andere Summe, welche sich fortwährend wieder gerade um so viel mehrt, als man jedesmal von ihr wegnimmt. Nun hatte ich in §§ 32 und 49 m. W. E. Regel. bestimmt nachgewiesen, daß die einer Betriebsklasse — bei gegebener Flächengröse und namhafter Bonität — entsprechenden Normalvorräthe in geradem Verhältnisse zur Länge der betr. Umtriebszeiten stünden, daß mithin einem längeren Umtriebe ein um so viel gröserer, dagegen einem niedereren Umtriebe ein um so viel kleinerer Vorrath entspräche, und daß mithin bei einem vorhandenen Manko an Vorrath und bei fortgesetzter Nutzung des jährl. Zuwachses eine angenommene höhere Umtriebszeit schlechterdings nicht eingehalten werden könne, sondern daß vielmehr eine derartige Nutzung nothwendig zu demjenigen kürzeren Umtriebe hinführen müsse, welcher dem gerade vorhandenen Vorrathsbetrage zusagte.

War nun Hr. v. W. mit diesen Anfangsgründen eines grundsätzlichen Regelungverfahrens bekannt, so mußte er — nachdem er nun doch einmal seine ganz überflüssige Rechnung auf 200 Jahre hinaus gesponnen und so gefunden hatte, daß dabei bis dahin die 100jähr. Umtriebszeit bis unter 80 Jahre herabsinke — so mußte er gerade in diesem Ergebnisse den klaren Nachweis erblicken, daß er, Falls kein sonstiger Fehler im Kalkul selbst unterlaufen, in der Vorrathsannahme sich geirrt, nämlich den wirkl. Vorrath im direkten Verhältnisse zu jener Umtriebs-Verkürzung zu gering gegriffen habe. Einmal zu dieser nahe liegenden Einsicht gelangt, konnte ihm nach dem klaren Inhalte meiner W. E. Regelung nicht zweifelhaft bleiben, welche Wege er zur Berichtigung seines Irrthums nun einzuschlagen hatte.

Wollte er die zu meinem Beispiele gegebene Prämisse — derzufolge der Normalvorrath von 50000 genau vorhanden sein sollte — nicht willkührlich abändern, so durfte er, bei Anwendung seiner Ertragstafel, dem Bestande nicht, wie ich, ein 50jähr. Alter beilegen, sondern er mußte dieses Alter um so viel höher setzen, daß der Bestand nach der Tafel auch den Vorrath von 50000 besitzen konnte. Dieß wäre der Fall gewesen, wenn er den Bestand zwischen das 60—61ste Jahr vorgerückt, mithin das mittle Abtriebsalter für die I Periode in das 70—71te, anstatt in das 60te, Jahr verlegt hätte, weil $0,_{823} \times 60 \times 1000 = 49380$ und $0,_{823} \times 61 \times 1000 = 50203$ sind. Er würde dann, und wenn er die jährl. Nutzung dem wirkl. durchschn. jährl. Abtriebs-Zuwachse gleich gestellt hätte, nimmermehr zu einer kürzeren, als 100jähr. Umtriebszeit, gelangt sein, hätte er auch seine Rechnung anstatt auf 200 auf ebenso viele 1000 Jahre ausgedehnt.

Wollte aber Hr. v. W. diesen Weg nicht einschlagen, sondern sein untergeschobenes Vorrathsdeficit beibehalten, so mußte er seinen Absprung von meiner Annahme (wenn ihm anders derselbe bekannt war!) vornweg eingestehen, dann aber auch das von mir im § 48 für einen ganz anderen Fall vorgeschriebene Verfahren zur Etatsbestimmung verlassen und mit demjenigen vertauschen, welches ich in dem unmittelbar nachfolgenden § 49 gerade für diesen seinen Fall ausführlich gelehrt hatte. Er mußte nämlich den Etat unter den wirkl. Zuwachs so lange herabsetzen, bis das Vorrathsdefizit erst gedeckt war, worauf dann erst der volle wirkl. Zuwachs genutzt werden konnte; es blieb ihm dabei überlassen, entweder nach der Gröse der jährl. Zuwachsersparnis die Länge der Vorraths-Ausgleichung-Zeit, oder aber nach dieser jene, zu bestimmen — wie das überaus faßlich § 49 m. W. E. R. nachweist. Auch bei diesem Verfahren konnte wieder von einer Abkürzung der norm. Umtriebszeit keine Rede sein.

Wollte jedoch Hr. v. W. keinen der vorbezeichneten Wege betreten, sondern seinen gewählten Irrweg durchaus verfolgen, so konnte er aus meiner Nachweisung im § 49 schon im voraus wissen, wohin er gelangen würde und mußte. Dazu bedurfte es keineswegs seiner mühsamen Rechnung, womit er seine Leser behelligt und sich selbst zugleich seine kostbare Zeit zum Nachtheile „wichtigerer Beschäftigungen“ — zu denen ich, bei aller Bescheidenheit, beiläufig auch den endlichen Anfang des Studiums meiner Schrift über W. E. Regelung zu zählen mir erlaube — völlig nutzlos vergeudet hat. Denn zu seinem Resultate konnte er und noch genauer in weniger als einer Minute mittelst der simplen Regel de tri gelangen. Da, wie ich klärlich gelehrt, die norm. Vorräthe und Umtriebszeiten einer Klasse (bei gegebenen sonstigen Verhältnissen) in geradem Verhältnisse zu einander stehen und sich so gegenseitig bestimmen, so ergab sich in vorliegendem Beispiele aus der Proportion 50000 : 100 = 37000 : x der Werth dieses x — d. h. die Länge der Umtriebszeit, zu welcher der von Hn. v. W. irrig unterstellte abnorme Vorrath von 37000 beim Fortbezuge des wirkl. Zuwachses hinleiten mußte — in der Jahrzahl 74.

Hiermit schliest sich aber das lange Sündenregister meines Hn. Gegners noch nicht ab.

In dem vorliegenden Beispiele hatte ich, wie oben bemerkt, den normalen Durchschn. Zuwachs (= 1000) als vorhanden gesetzt und nur allein unter dieser Voraussetzung konnte leicht begreiflicher Weise der norm. period. Etat von 20 × 1000 ohne Beeinträchtigung des norm. Umtriebs fortbezogen werden. Hr. v. W. unterstellt jedoch mit Zuziehung seiner Ertragstafel auch einen abnormen und zwar merklich niedereren wirklichen Klassenzuwachs und beharrt dennoch in der Meinung, er verfahre nach meiner Anleitung, wenn er den (höheren) normalen Zuwachs ungeschmälert fortnutze. Daß ich aber diese konfuse Ansicht nicht mit ihm theile, konnte er wieder aus dem nächstfolgenden § 50 meiner W. E. Reg. wissen, worin ich gerade für diesen Fall deutlich gezeigt hatte, daß man einen vorhandenen Vorrath und die ihm entsprechende Umtriebszeit nur dann beibehalten könne, wenn man nicht mehr und nicht weniger, als den wirklichen Durchschnittzuwachs, nutzt — eine Wahrheit, welche selbst einem Laien einleuchten muß.

Aus allem diesem geht unwiderlegbar hervor, daß Hr. v. W. die meinem Beispiele vorangestellten Prämissen, unter welchen das in § 48 meiner W. E. Regelung gelehrte Verfahren nur allein anwendbar war, gänzlich verlassen, nämlich neben der Bestandsalter- und Schlagreihe, auch den wirklichen Vorrath und Zuwachs als abnorm gesetzt und somit, statt einer, alle Bedingungen des W.-Normalzustands hier aufgehoben hat. Wollte er das so von ihm gänzlich verstümmelte Beispiel nach meiner Anleitung behandeln, so mußte er nach § 51 meiner W. E. Regelung, worin ich die Lösung dieses zusammengesetzten Falls gezeigt hatte, verfahren, durfte aber keineswegs, wie er gethan, meine Anleitung in § 48 dabei zu Grunde legen. — —

Wirft man nur einen flüchtigen Blick auf die Art und Menge der Verstöße gegen die ersten Regeln der Grundsätzlichkeit, welche Hr. v. W. in diesem offenbar **allereinfachsten** Beispiele zusammengehäuft hat, so könnte man zu der Vermuthung hingezogen werden, er habe diese Verstöße absichtlich unterlaufen lassen, um mein Regelungverfahren herabzuwürdigen. Sollte auch mich im ersten Augenblick ein solcher Argwohn erfaßt haben, so wich er doch bald einer milderen Ansicht — der, daß die von mir gerügten groben Irrthümer meines Hn. Gegners lediglich seiner gänzlichen Unbekanntschaft mit den einfachsten Grundprinzipien einer rationellen W. E. Regelung-Theorie ihre Entstehung verdanken mögen. Ich glaube es der Ehre meines Hn. Gegners schuldig zu sein, diese meine gelindere Ansicht auch mit Gründen zu belegen. Zum ersten: konnte er hoffen, daß so viele und arge Schnitzer der Einsicht nur eines Fachanfängers *), geschweige älterer Sachverständiger, entgehen würden? — Zweitens: würde er seine wiederholte Anerkennung: — daß ich in dem fraglichen Beispiele nur allein eine abnorme Schlag- und Alterreihe unterstellt — nicht weislich unterdrückt haben, um seinen (durch Beiziehung eines abnormen Vorraths und Zuwachses) mit dem § 48 meiner W. E. Regelung getriebenen heillosen Unfug weniger augenfällig zu machen? — Und drit-

*) Wenigstens haben meine Zuhörer die Fehlerhaftigkeit des von Hn. v. W. hier eingehaltenen Verfahrens noch jedesmal augenblicklich aufgefunden und richtig nachgewiesen, wenn ich ihnen in meinen Vorträgen über W. E. Reg. die Grundzüge dieses seines Verfahrens einfach mittheilte.

tens: würde er sonst seine mühsamen und zeitraubenden Berechnungen — deren nutzlose Ergebnisse er theilweise abdrucken lies, zum anderen Theile sogar dem Publikum noch nachträglich zur Privateinsicht im Manuskripte anbietet — unternommen und ausgeführt haben? — Ich sollte denken, diese gewichtigen Gründe rechtfertigen meine schonendere Ansicht zur Genüge.

Dem Hn. v. W. beliebt es, die erpreßten Endresultate seiner weitschichtigen Rechnung — nämlich die Abkürzung des von mir unterstellten 100jährigen Umtriebs bis auf 80 und 60 Jahre herab — als „**jämmerliche**" zu bezeichnen; sie verdienen dieses Prädikat in jeder Beziehung, und ich bin daher weit davon entfernt, solches beanstanden zu wollen. — Daß aber derselbe für die trüben Ausflüsse seiner eignen krassen Unwissenheit mich und meine Lehre verantwortlich machen will, daß er mich nöthigen will, seinen afterwissenschaftlichen Wechselbalg an Kindesstatt anzunehmen — gegen diese mehr als unbescheidenen Ansinnen muß ich hiermit feierlichst protestiren! —

Aus meinen gelieferten Nachweisen kann Hr. v. W. zugleich die Ueberzeugung schöpfen, daß die von mir früher (im vorigen Hefte meiner Beiträge S. 136 und 137) bestimmte bedeutende Abstandsweite zwischen den Ergebnissen seiner „Organischen" und denen des grundsätzlichen Verfahrens in dem unterlegten Beispiele noch durchaus dieselbe seie, daß sein Versuch zur Erzielung minder ungünstiger Resultate für seine „Organische" als völlig mißlungen sich erwiesen, daß auch schlechterdings keine Aussicht sich biete, bessere Erfolge für sie auf anderen Wegen zu erzwingen — und daß es überhaupt ein fruchtloses Unternehmen bleibe, der „Organischen" auf dem ihrer inneren Natur ganz fremden und widerstrebenden Gebiete solider Grundsätzlichkeit das Bürgerrecht erpressen zu wollen.

---

2) Erwiederung auf die Kritik des Hn. O.F.R. Dr. Pfeil (in dess. kritischen Blätt. Bd. 16. Hft. 2 S. 31 ff.) über des Herausg. E. W. Regelung.

(v. Herausg.)

Die Art und Weise, wie Hr. Pf. das Amt der Kritik zu verwalten pflegt, ist viel zu allgemein und genau bekannt, als daß es möglich sein könnte, hierüber etwas wesenlich Neues zu sagen. Doch zeichnet sich die hier vorliegende Kritik von seinen früheren dadurch aus, daß er sehr nahe die Hälfte des ihr gewidmeten Raums zu einem Streifzuge gegen andere Taxat.-Schriftsteller, vorzüglich gegen Hn. Smalian, benutzt und bei seinem Rückzuge ganz unbefangen, wie wenn so was zur besten Ordnung zähle, erklärt: sein improvisirtes Flankenscharmützel „stehe mit meiner Schrift in keinem weiteren Zusammenhange", was auch schon ohne diese Bemerkung begreiflich war. Es wäre Unrecht von mir, wenn ich Hn. Pf. etwa darüber Vorwürfe machen wollte, warum er zu dieser fremden Fehde nicht lieber einen anderen Kampfplatz gesucht und den so gewonnenen Raum zu einem gründlicheren Eingehen in meine Schrift benutzt habe; diese Ausstellung wäre hier um so weniger an ihrem Orte, als Hr. Pf. ganz offen eingesteht, daß es ihm nicht sowohl um eine Beurtheilung meines Buchs, als vielmehr um die Vertheidigung des Fachwerks gegolten. Er sagt wörtlich (S. 52 und 53): „Zum Schlusse dieser Anzeige bittet der Herausg. noch um die Erlaubnis, folgende Bemerkung machen zu dürfen. Es ist ihm schon seit längerer Zeit die Rolle zugefallen, das Fachwerk zu vertheidigen und die Taxationsschriften zu bekämpfen, durch die man es fortwährend hat verdrängen wollen" (!!!).

Von diesem Rollen-Zufall habe ich nun zwar nie etwas gehört; ich weis nur so viel, daß Hr. Pf. diese Rolle freiwillig übernommen. Da jedoch der Zufall in seinen Schriften gar oftmal gewaltet, so soll es hier auf einen Zufall mehr nicht ankommen. Ich will deshalb diesen neuen Zufall als faktisch anerkennen, kann aber nicht unbemerkt lassen, daß ich ihn, wenn er mich betroffen, als einen wahren Unfall betrachtet und unbedenklich zurückgewiesen haben würde — in Folge meiner, vielleicht nur etwas zu skrupulösen, Ansicht : daß derjenige, welcher die Rolle der wissenschaftlichen Kritik übernimmt, nur allein für die Wissenschaft und Wahrheit streiten und andere Schriften nicht darum bekämpfen soll, weil sie einer veralteten, unwissenschaftlichen Methode den unvermeidlichen Untergang drohen. Es seie aber ferne von mir, mit dieser Bemerkung Hn. Pf. in seiner lange geübten Observanz stören zu wollen; ich erkenne auch die Schwierigkeit der von ihm übernommenen Rolle vollkommen an und halte seinen Nothruf (S. 53) um Beistand anderer namhafter Fachwerker in diesem verzweifelten Kampfe, für welchen Hn. Pfs. Kräfte allein nicht mehr ausreichen wollen, für mehr als gerechtfertigt.

Begleiten wir Hn. Pf. auf seinem Ausfall zur Niederkämpfung meiner Ausstellungen an dem Fachwerke. Diese gingen im wesenlichen dahin : — das Fachwerk fasse die Gesammtaufgabe einer rationellen Nachhaltertrags-Regelung ebenso einseitig wie fehlerhaft auf, daß es die Erfüllung dieser Aufgabe schon darin erblicke, wenn es jeden zu Anfang einer Umtriebs- oder Einrichtung-Zeit zufällig vorhandenen, noch so grosen oder kleinen Holzvorrath, nebst dem an ihm bis zu seinem successiven Abtriebe noch weiter erfolgenden Zuwachse, auf die Einzeljahre oder Perioden dieser unterstellten ersten Einrichtungzeit nur möglichst gleichförmig vertheile. Bei seinem Streben nach einem Waldnormalzustande kenne es weder die Grundbedingungen dieses Normalzustands (Normal-Vorrath, Zuwachs und Bestandsreihe), noch die Mittel, ihn mit den geringsten Opfern an Ertrag und Zeit zu erreichen; es vermöge daher auch nicht, die Blicke und Thätigkeit des Forstwirths nach dem besseren Ziele hinzulenken und der Wirthschaftführung selbst einen höheren Aufschwung zu geben; noch wisse es, ob und wann jemal bei dieser ungrundsätzlichen Ertragsordnung für die erste Einrichtungzeit, wobei überdies fast immer der Gegenwart oder Zukunft grose und unnöthige Opfer aufgebürdet würden, der beabsichtigte Waldnormalzustand eintreten werde; vielmehr folge aus der unterlassenen Bildung von Betriebsklassen, nach Maasgabe der Verschiedenheit der festgesetzten normalen Umtriebszeiten, mit mathematischer Gewißheit die Unmöglichkeit, daß der normale Waldzustand jemal hergestellt und festgehalten werden könne. Endlich seie auch jene rein mechanische Ertragsausgleichung auf die Perioden nur eines Umtriebs hin schon eine sehr mühsame und zeitraubende Arbeit, ein echter Probirstein der Geduld und beharrlichen Fleißes, zumal wenn man die Zwischennutzungerträge dabei mit einrechne, ꝛc ꝛc.

Diese von mir mit Gründen belegten und an Beispielen nachgewiesenen Einwürfe glaubt nun Hr. Pf. mit der blosen Behauptung beseitigen zu können: es gäbe gar keine normalen Umtriebszeiten, mithin auch keine Waldnormalzustände, keine Betriebsklassen und keine Normalvorräthe. — Man darf aber seinen Ausspruch nicht so wörtlich nehmen und etwa glauben, Hr. Pf. verwerfe schlechthin die Nützlichkeit und Möglichkeit der Feststellung normaler Umtriebszeiten, wolle somit der Forstwirthschaft ihr wichtigstes Ziel geradezu rauben und an die Stelle eines rationellen Forstbetriebs ein planloses Darauflos-Hauen und Hausen setzen. Ein solcher Betriebsmischmasch, worin der blinde Zufall die Hauptrolle übernehmen würde, scheint mir wenigstens in Hn. Pfs. Tendenz — so weit mir diese verständlich geworden — nicht unbedingt zu liegen. Vielmehr dürfte sein Eifern gegen normale U.-Zeiten ꝛc nur in einem freilich etwas seltsamen Mißverständnisse gründen, mit dem er sich schon lange trägt. Schon vor 20 Jahren haben wir ihn als einen Haupteinwand gegen das Hundeshagensche Ertr. Reg. Verfahren hervorheben sehen, daß letztes für alle Theile einer Waldung eine ganz allgemeine U.=Zeit als normale bedinge, mit welcher nun alle Bestände ohne Rücksicht auf die Verschiedenheit der Holzart, Bonität ꝛc behandelt werden müßten. Diesen kuriosen Irrthum überträgt er kurzweg auch auf meine Regelung=Anleitung, indem er diese S. 45 aus dem Grunde bekämpft: — „weil wir nicht im Stande seien, **ein** allgemeines Normalalter, welches alle Bestände ohne Ausnahme erreichen müßten, wenn sie am vortheilhaftesten benutzt werden sollen, sicher vorauszubestimmen." — An so was hat weder Hundeshagen, noch ich gedacht. Wir verlangen nur — konform mit den Prinzipien einer guten Waldwirthschaft und insbesondere des strengsten Nachhaltbetriebs (welcher jährlich gleich viel Holz von dem vortheilhaftesten Alter ernten will) und in Uebereinstimmung mit dem Fachwerke selbst: — daß für jeden Waldtheil einer Wirthschafteinheit diejenige Umtriebszeit, welche nach Maasgabe der Holz- und Betriebsart, Bonität ꝛc als die einträglichste erscheint, so gut als möglich ermittelt werde, um diese normalen U.=Zeiten sofort einleiten zu können. Damit aber dieses wichtige Ziel nicht verfehlt, jene Untersuchung nicht geradehin nutzlos gemacht, die ganze Lehre von den einträglichen Umtrieben für die Praxis gestrichen und der Rubrik „papierene Späſſe" einverleibt werde — verlangen wir, nach dem Vorgange der öster. Kam. Taxation, weiter, was die Fachwerker versäumen: — die Bildung von Betriebsklassen, d. h. das Zusammenfassen derjenigen Waldtheile einer Wirthschafteinheit, welche in der ihnen zukommenden normalen U.=Zeit einander gleich oder doch nahe stehen, um für sie eine selbstständige Schlagordnung nach und nach herzustellen, weil diese Klassenbildung das **einzige** Mittel ist, die als die vortheilhaftesten erkannten und angenommenen Umtriebe einleiten und festhalten zu können, wie sich das bei einigem Nachdenken wieder sehr leicht begreift.

In einen zweiten, nicht minder grosen, Irthum verfällt Hr. Pf., wenn er die Möglichkeit einer solchen Klasseneinrichtung damit beanstanden will: weil man in noch abnorm bestandenen Wäldern nicht schon sogleich und von vornherein jeder Klasse die regelrechte Bestandsalterfolge und den Normalvorrath zutheilen könne; wobei er (S. 52) sogar für nöthig erachtet, diesen einfachen Gegenstand an dem noch ziemlich konfusen Zustande seiner Neustädter Institutsforste des Breiteren zu exemplifiziren. Ganz ohne meine Schuld verwechselt er hier Zweck mit Mittel, Wirkung mit Ursache, das Ziel mit dem Anfang, will die Thunlichkeit jeder Ordnunggründung an dem faktischen Bestande einer Unordnung unbedingt scheitern lassen — kurz er übersieht, daß die Betr. Klassen (in Verbindung mit einer guten Ertragsregelung) nicht blos dazu bestimmt sind, einen schon vorhandenen normalen Waldzustand möglichst festzuhalten, sondern auch, wenn letzter noch fehlt, ihn vorerst einzuleiten; daß es zwar für das Interesse des Waldbesitzers allerdings recht sehr wünschenswerth seie, wenn die Waldzustandsverhältnisse schon der Art sind, daß jeder Klasse gleich von vornherein eine ziemlich geregelte Schlag- und Alterreihe oder doch kein beträchtliches Manko am Normalvorrathe zufällt; daß jedoch im entgegengesetzten Falle die Klassenbildung nicht minder räthlich bleibe, um den Normalzustand allmählig herbeizuführen — was Alles in meiner Schrift sehr verständlich erörtert ist.

Was Hr. Pf. gegen das Streben nach einem möglichst geregelten Waldzustand, wie ihn der strengste Nachhaltbetrieb bedingt, weiter einwendet: — daß nämlich in Folge mancher unvorhergesehener Unfälle (wie von Entlaubung, Frevel, Insektenfras ꝛc) die als die vortheilhaftesten erkannten Umtriebe auch späterhin nicht immer genau eingehalten werden könnten — ist geradeso irrelevant. — Solche, ohnehin nur von vorübergehenden Folgen begleiteten, Zufälle vermag keine Ertr. Reg. Methode zu verhindern und es maaßt sich deshalb auch das grundsätzliche Verfahren nicht an, sie abwehren zu können. Wohl aber leistet dieses dann mehr, als jedes andere und namentlich das Fachwerk, indem jenes die Folgen solcher Zufälle numerisch genau bemessen und zugleich die zweckmäsigsten Maasregeln kennen lehrt, um mit dem geringsten Verluste an Ertrag und Zeit in die rechte Bahn wieder einzulenken. — Nach Hn. Pf. müßte jeder Landwirth eine auf vortheilhafte Fruchtfolge gegründete Feldereintheilung ganz und für immer aufgeben und bei der Bestellung seiner Äcker den blinden Zufall walten lassen, darum, weil es sich mitunter ereignen kann, daß ein mit Winterfrucht besamtes Stück auswintert oder von Schnecken abgewaidet wird und im folgenden Frühjahre mit einer Sommer- oder Brachfrucht bestellt werden muß. — Man müßte die zu jedem geregelten Finanzhaushalte unentbehrlichen Voranschläge und Budgets geradezu verwerfen und einem planlosen Draufhineinhausen den Vorzug einräumen, weil erfahrungmäsig die **wirklichen** Einnahmen und Ausgaben in gar manchen Rubriken von den **veranschlagten** Beträgen mehr oder weniger abzuweichen pflegen.

Auch die von Hn. Pf. ausgesprochene Besorgnis: — daß man in der anfänglichen Feststellung der einträglichsten Umtriebe zuweilen irren könne und diese Fehler später verbessern müsse — kann wieder keinen triftigen Grund abgeben, von der Vorausbestimmung normaler U.-Zeiten und von dem Streben nach der diesen entsprechenden Schlag- und Alterfolge ganz zu abstrahiren; — so wenig, wie etwa der Mensch sein Ringen nach geistiger und moralischer Vervollkommnung aufgeben und sich der Unwissenheit, der Unsittlichkeit und dem Laster blindlings in die Arme werfen darf, darum, weil er besorgen muß, in der Wahl der Mittel für jenes bessere Ziel mitunter zu fehlen und von der rechten Bahn hin und wieder etwas abzukommen. — Bei umsichtiger Beachtung der die vortheilhaftesten Umtriebe bedingenden äuseren Verhältnisse werden dergleichen Irrungen schon von vornherein nicht häufig vorkommen, späterhin aber immer seltener, weil das grundsätzl. Regel. Verfahren diesem wichtigen Gegenstande vorzugweise und unausgesetzte Aufmerksamkeit widmet. Ueberdieß kann man oftmal den aus solchen Versehen drohenden Störungen auf anderen Wegen vorbeugen. So läßt sich z. B. in dem Falle, daß man den normalen Umtrieb eines Walddistrikts nach dessen Bonität zu hoch gegriffen hätte, dieser Umtrieb dennoch häufig festhalten, wenn man eine andere nicht minder einträgliche, aber zugleich länger ausdauernde Holzart oder Bestandsmischung einführt. Will oder kann man eine solche Abhilfe nicht treffen, so berichtigt das grundsätzl. Verfahren dergleichen Irrthümer einfach in der Art, daß es den betr. Distrikt einer anderen Betr. Klasse zutheilt oder für ihn eine eigene Schlagreihe einleitet. Die zugleich nöthige neue Berechnung der Normalvorräthe der betr. Klassen ist das Werk weniger Minuten. An sich unvermeidlich sind derartige Mißgriffe wieder so wenig bei dem grunds. Verfahren, wie bei den ungrundsätzlichen. Bei dem Fachwerke werden sie darum nur weniger beachtet, weil bei ihm eine fortwährende Verschiebung der als vortheilhaft erkannten norm. U.-Zeiten an der Tagesordnung, nämlich der Ausflus seines Prinzips ist, daher hier auf eine Umtriebsstörung mehr nichts ankommen kann.

Nicht glücklicher ist Hr. Pf. in seinem Bemühen, die Kenntnis des Waldnormalzustandes und des damit im Zusammenhange stehenden N. Vorraths ins Lächerliche ziehen zu wollen durch die Vorgabe: die Harzer und Thüringer Forstbeamten sorgten durch thätigen Holzanbau und dadurch, daß sie die unvollkommneren Bestände vor den wüchsigeren anhieben und verjüngten, schon zur Genüge für die Produktion und Nutzung ihre Forste und bedürften dazu der Kenntnis der N. Vorräthe nicht; ja ihm, Hn. Pf. selbst, ginge diese Kenntnis für seine eigenen Institutswälder (!?) derzeit noch ab.

Die rühmliche Thätigkeit der Harzer und Thüringer Forstmänner für einen zweckmäsigen Holz = An= und Nachbau habe ich an Ort und Stelle oftmal bewundert; ich verdanke ihr gar manche genusreiche Stunde, gar manche Belehrung. Wenn es aber mit diesen Operationen, zu denen bekanntlich die Waldbaulehre an= leitet, allein schon gethan wäre, so müßte jede Anleitung zur Waldertragsregelung als reiner Ueberflus erscheinen und es wäre demnach nicht abzusehen, was Hn. Pf. dazu veranlassen mochte, so vieles über dieses letzte Fach zu schreiben. — Man kann noch so fleisig und zweckmäsig die Holz = An= und Nachzucht betreiben und dabei doch nicht die Gröse des Abstands zwischen dem wirklichen und dem möglichen (normalen) Holzzuwachse wissen; man kann die Holzhiebe an und für sich scheinbar recht wirthschaftlich anlegen und ausführen, und dennoch darüber in Ungewißheit sein, ob man nicht viel zu viel oder zu wenig nutze. Da nun diese Ungewißheit in einer für den Waldeigenthümer (nicht blos für den Forstverwalter!) befriedigenden Weise nur allein durch genaue Bekanntschaft der vorliegenden Verhältnisse zwischen wirklichem und normalem Zuwachs und Vorrath gehoben werden kann, so läßt sich auch von der Einsicht und dem Pflichtgefühle sowohl der genannten, als auch aller übrigen, Forstbeamten erwarten, daß sie sich mit jenen Verhältnissen möglichst vertraut machen und nicht die von Hn. Pf. sich selbst angerühmte Unkenntnis zum Vorbilde nehmen werden.

Daß aber die Kenntnis des Verhältnisses zwischen dem wirklichen und dem normalen Vorrath (und Zuwachs) nicht allein für den Zweck der W. Ertr. Regelung ganz unentbehrlich, sondern auch für die gewerbliche Seite der Forstwirthschaft überaus wichtig seie — dafür mögen nachstehende argumenta ad hominem sprechen.

Bekanntlich verlangt jedes Gewerbe, jeder Industriezweig zu seinem Betriebe ein gewisses Kapital — Betriebskapital genannt. Die Gröse dieses Kapitals steht zur Ausdehnung des Gewerbs in einem gewissen Verhältnisse. So wie aber jedes Gewerbe irgendwo seine Gränze findet, über welche hinaus es nicht mehr mit voller Lukrativität betrieben werden kann, ebenso die Gröse des zugehörigen Betr. Kapitals. — Wenn nun Jemand in sein Gewerbe, welches sich mit einem Kapitale von 20000 fl. am vortheilhaftesten betreiben läßt, 30000, mithin 10000 fl. mehr, steckt und dabei nicht mehr gewinnt, als mit 20000 fl., so wird man den Mehraufwand von 10000 fl. eine todte Kapitalanlage nennen müssen und es ganz in der Ordnung finden, wenn der Gewerbsmann, so wie er das unerfreuliche Resultat gewahrt, die nutzlos aufgewandten 10000 fl. aus dem Gewerbe bald möglichst wieder herauszieht und solche durch Anlage in einem anderen Gewerbe oder durch verzinsliches Ausleihen rentbar zu machen sucht. Eine derartige scharfe Begränzung der Betr. Kapitalien findet vorzüglich bei Gewerben mit genau limitirtem Produktionfond statt, namentlich bei dem land- und forstwirthsch. Gewerbe. Der Eigenthümer oder Pächter eines Landguts von bestimmter Ausdehnung ꝛc würde offenbar eine todte Kapitalanlage machen, wenn er die zum vortheilhaftesten Wirthschaftbetriebe des Guts nöthigen Gebäude, Zugthiere, Geräthschaften ꝛc vervielfachen wollte. — Bei der Forstwirthschaft mit strengstem (jährl.) Nachhaltbetriebe steckt das sehr beträchtliche Betr. Kapital fast allein in dem stockenden Holzvorrathe. Die Gröse dieses Vorraths hängt bei einer Waldung — so bald deren Flächengehalt, Bonität, Holz- und Betriebsart bestimmt ist — lediglich von der gewählten Umtriebszeit ab. Hat man die vortheilhafteste (normale) Umtriebszeit gewählt, so ist auch der ihr entsprechende normale Vorrathsbetrag ein scharf abgegränzter. Jeder Mangel oder Ueberschus an dem wirklich vorhandenen Vorrathe, im Vergleiche zu jenem Normalbetrage, kann nur störend auf den einträglichsten Wirthschaftbetrieb einwirken. Denn ein vorhandenes Vorraths-minus führt, sobald man den wirklichen jährlichen Zuwachs auch jährlich nutzt, unvermeidlich zu einer kürzeren (als der anerkannt vortheilhaftesten) Umtriebszeit hin;

und will man das vermeiden, so darf man so lange, bis erst der wirkliche Vorrath auf den normalen Stand gebracht ist, den wirkl. Zuwachsbetrag nicht ganz ernten, sondern man muß einen Theil von ihm im Walde zurücklassen, mithin die jährliche Nutzung um so viel und auf so lange verkürzen. — Wäre aber der vorhandene Vorrath größer als der normale, so erscheint der Ueberschus als ein todtes Kapital, dessen schleunige Herausnahme und anderweite Rentbarmachung hier um so räthlicher erscheint, als sein Fortbestand zugleich zu einer höheren, als der anerkannt vortheilhaftesten, Umtriebszeit hinführen würde. Steckt der Ueberschus in den ältesten Schlägen, so wird durch seine alsbaldige Nutzung die normale Altersfolge nicht einmal alterirt; aber auch in anderen Fällen ist diese Störung von untergeordneter Bedeutung und kurzer Dauer. — Gesetzt nun, eine Waldung enthalte ein plus an Vorrath von 2000 Klaftern im Nettowerthe von 18000 fl., der Waldbesitzer könne dieses todte Kapital alsbald herausziehen, versilbern und durch Ausleihen zu 5 Proz. rentbar machen, so würde er sich somit eine neue und immerwährende Jahresrente von 900 fl. gründen. — Wie aber behandelt das Fachwerk diesen Fall? Da es keinen Normalvorrath kennt, so muß ihm die Gegenwart eines Vorrathüberschusses ebenso fremd bleiben, wie das Dasein eines Vorrathdefekts. Für beide und alle Fälle schreibt es eine möglichst gleiche Vertheilung des gerade vorhandenen Vorraths (nebst seinem weiteren Zuwachse) auf die Jahre einen ersten Einrichtungzeit vor. Betrüge diese hier 120 Jahre, so würde das Fachwerk obigen Ueberschus in 120 gleichen Jahresportionen aufzehren lassen. Der Waldbesitzer bezöge somit nur innerhalb der ersten 120 Jahre jährlich 18000 : 120 = 150 fl. und **verlöre** daher — im Vergleiche zu den obigen Resultaten des grundsätzlichen Verfahrens — während dieses langen Zeitraums nicht nur jährlich 900 — 150 = 750 fl. d. h. **fünf Sechstheile** an Interessen — — sondern noch obendrein das **ganze Kapital** von 18000 fl. !! —

Der Herausgeber kennt eine Sparkasse, welche von gemeinnützigen Männern zunächst für Gesinde, Taglöhner und andere unbemittelte Leute gegründet wurde. Um ihren edlen Zweck um so vollständiger zu erreichen und möglichst hohe Zinsen (5½ Proz.) den Einlegern zu sichern, besorgen die Gründer der Anstalt nicht blos deren Verwaltung unentgeltlich, sondern sie haben auch aus eignen Mitteln ein baares Kapital zusammengeschossen und es der Anstalt auf eine Reihe von Jahren ohne Anspruch auf Zinsen zur Benutzung überlassen. Da jedoch ihr Patriotismus nicht so weit ging, um ihre Zeit, Kräfte und Geld reichen Kapitalisten zu opfern, welchen diese Gelegenheit zu einer ebenso bequemen wie lukrativen Anlage ihrer Gelder sehr willkommen erscheinen konnte, so haben sie im § x der Statuten festgesetzt, daß die Kasse nur Einlagen auf Namen und bis zu 300 verzinse, den Einlegern aber dazu behilflich sein wolle, die Kapitalien, welche in der Anstalt bis zu jenem maximum angewachsen seien, anderwärts auf gute Unterpfänder und thunlichst vortheilhaft auf die Namen der betreffenden Einleger auszuleihen, und daß auch die Zinsen von diesen Kapitalien in der Sparkasse als neue Einlagen wieder angenommen würden. Um aber, besagt der § y der Statuten weiter, bemittelten Menschenfreunden Gelegenheit zur Unterstützung der Anstalt zu geben, nimmt diese auch Einlagen über 300 fl. hin unter der Bedingung an, daß der Abnutzen von dem Ueberschusse (über 300 fl.) der Sparkasse zu gut komme. — Wenn nun ein Familienvater — dessen ganzes sauer erworbenes Vermögen nur 1500 fl. betrüge und welcher, unbekannt mit dem Inhalte des § y, der Meinung wäre, die Sparkasse verzinse alle Einlagen von jedem Betrage mit 5½ Proz. — diese seine 1500 fl. zu Jahresanfang der Kasse zusendete und am Ende des Jahres, wo er den vollen Zinsenbetrag erheben will, nun zu seinem Schrecken erführe, daß sein Zinsenguthaben statutenmäsig nur 16½, anstatt seiner Rechnung nach 82½, fl. betrüge — — was würde wohl die gesunde Vernunft dem Manne, welcher den Zinsenverlust nicht länger erleiden will und kann, zu thun anrathen? — Doch wohl: wenigstens die unverzinsten 1200 alsbald aus der Kasse zu nehmen und anderswo, wäre es auch nur zu 5 Proz., verzinslich anzulegen! — Diesen Rath billigt aber das Fachwerk nicht, sondern ertheilt den: die Summe nicht sogleich und auf einmal zurückzuerheben, sondern in kleinen Jahresquoten einer langen Umtriebszeit. Betrüge letzte wieder 120 Jahre, so soll der Einleger jährl. nur 1200 : 120 = 10 fl. von dem unverzinslichen Kapital einziehen, auch hier wieder 120 Jahre lang nur mit einem Sechstheile der sonst möglichen Zinsen (von 60 fl.) sich begnügen und nebenbei das Kapital selbst ganz schwinden lassen! — —

Wir verdanken Hn. Pf. aus früherer Zeit manche schätzbare Bemerkung über die geringere Lukrativität hoher Umtriebszeiten und den Nachweis, daß der Erlös aus dem oft sehr beträchtlichen Vorrathsüberschusse, welcher sich beim Uebergange aus einem faktisch bestehenden höheren Umtriebe zu einem unterlegten niedereren ergibt, in anderer Art sich lukrativer anlegen lasse. Er hätte nur auch angeben sollen, wie sich in dergleichen Fällen der Betrag des disponibelen Vorrathsüberschusses sogleich ermitteln und bemessen lasse. Damit, daß man in einer zur jährlichen Nachhaltnutzung bestimmten Waldung den bisher beabsichtigten 140jähr. Umtrieb auf 100 Jahr herabgesetzt hat, kennt man noch lange nicht die Gröse jenes Ueberschusses. Ein solcher kann in diesem Falle, wenn selbst Bestände bis zum 140jährigen Alter hin vorhanden wären, sogar ganz fehlen, sobald nämlich die ältesten Bestände nur eine unbedeutende Flächenausdehnung besitzen, dagegen die vom jüngsten Alter weit vorwiegen. Und umgekehrt kann wieder ein sehr ansehnlicher Holzüberschus gegenwärtig sein, wenn auch das vorhandene älteste Holz noch nicht einmal das Alter des eingeführten niedereren Umtriebs erreicht hätte, wie z. B. wenn in jenem Falle der Wald durchaus mit 80—90jähr. geschlossenen Beständen bedeckt wäre. —

Zur klaren Aufhellung aller dieser Verhältnisse und zur Kenntnis der Gröse eines vorfindlichen Vorrathsüberschusses führt nur ein Weg : — die Erhebung des im Walde gerade vorhandenen Vorraths und seine Vergleichung mit dem Normalvorrathe, welcher sich für die neu gesetzte (niederere) Umtriebszeit ergibt. Da das Fachwerk diesen Weg nicht kennt, so geht ihm auch jene Kenntnis ab; und indem es einen noch so grosen oder kleinen Vorrathsüberschus über einen ganzen Umtrieb hin verschleift, raubt es wieder dem Waldbesitzer gröstentheils die Vortheile, welche er aus der Umtriebs-Herabsetzung ziehen konnte — dessen nicht einmal zu gedenken, daß in solchen Fällen die Fachwerksregelung ihre unzeitigen Nutzungen oft sogar über den normalen Betrag ausdehnt, damit den Normalvorrath für den nachfolgenden zweiten Umtrieb verkürzt und so dem Waldbesitzer eine neue Wunde schlägt, ohne die erste zu heilen.

Aus diesen Beispielen, denen sich noch viele andere beigesellen liesen, wird Hr. Pf. entnehmen können, daß die klassenweise Erhebung des normalen und wirklichen Vorraths und Zuwachses, und deren gegenseitige Vergleichung, keineswegs eine so unfruchtbare und lächerliche theoretische Spielerei sei, wie man seiner Darstellung nach schliesen sollte; daß vielmehr die Kenntnis jener Verhältnisse eine sehr gewichtvolle praktische Seite habe, ja die unersetzbare Hauptgrundlage für jede zweckmäsige Ertragsregelung und den gesammten Forstwirthschaftbetrieb abgebe.

Meine Angabe, die periodische Ertragsgleichstellung nach dem Fachwerke, wenn auch nur für eine erste Umtriebszeit hin, seie eine sehr mühsame und zeitraubende Arbeit, glaubt Hr. Pf. (S. 49) mit der Einrede entkräften zu können : — ich scheine mir die Sache irrig vorzustellen; es reiche ja schon hin, wenn die periodischen Material- und Flächen-Etats nur bis auf 5—6 Proz. mit einander überstimmten, was jeder, der seine Bestände kenne, in ½ Stunde zu bewerkstelligen vermöge; „kein vernünftiger Mensch" denke mehr an eine völlige Ausgleichung. —

Damit sagt er seinen zahlreichen Fachwerksgenossen, welche eine genaue Ausgleichung verlangen, eben keine Schmeichelei. Ihren Ansichten muß ich auf die Gefahr hin, selbst als mente captus bei Hn. Pf. zu erscheinen, in diesem Punkte beitreten. Eine Differenz von 5—6 Proz. mag wohl auf den ersten Blick hin für unbedeutend gelten. Erwägt man aber, daß für den Besitzer von 10000 Mrg. Wald eine Etatsverminderung von 5—6 Proz. in einer 20jährigen Periode ganz dieselbe Wirkung habe, wie wenn sein Wald 20 Jahre lang um 5—600 Morgen kleiner wäre, so wird man diese Differenz nicht mehr für einen blosen Pappenstiel halten wollen. Erwägt man weiter, daß der Taxator sehr leicht wenigstens um ebenso viel, als er hier absichtlich gefehlt, noch unfreiwillig irren, nämlich die Gesammtnutzung für die betr. Periode überschätzen kann, daß somit die 5—6 Proz. auf 10—12 Proz. anschwellen und diese wieder 1000—1200 Morgen oder dem zehnten bis achten Theile der ganzen Waldfläche entsprechen — so wird wohl jeder Forstmann, der da weis, daß ihm die Waldungen nicht blos zu seiner eigenen Bequemlichkeit anvertraut wurden, mit mir der Ansicht sein, daß die period. Ertragsausgleichung möglich genau vollzogen werden müsse, sollte auch darüber der helle Angstschweis ausbrechen. Daß aber eine blos annähernde Gleichstellung nach dem Massenfachwerke, selbst nur für einen Umtrieb hin und zumal wenn man die Zwischennutzungen mit beizieht, eine schweistreibende Arbeit sei, wird Jeder einräumen müssen, welcher sie schon einmal an einem abnormen Hochwalde versucht hat. Denkt sich Hr. Pf. die Sache anders und glaubt er etwa, sie lasse sich kurzweg damit abmachen, daß man aus einer Periode, welche zu viel erhalten, einen Bestand nähme und ihn ohne weiteres einer anderen Periode, welche zu wenig besäse, zutheile — so hat er meine desfallsigen Erörterungen S. 194—97 m. W. E. Regel. übersehen. Ein solches Verfahren reicht nur in sehr wenigen und seltenen Fällen aus, selbst wenn die periodische Ausgleichung nur allein auf den Holzertrag geht. Soll sie aber, wie Hr. Pf. ausdrücklich (S. 49) verlangt, zugleich auf die Perioden-Flächen sich erstrecken, so wird die Operation nicht nur bedeutend erschwert, sondern auch die beiderseitige Gleichstellung sehr häufig ganz unmöglich, wenn man selbst eine Differenz von nicht etwa blos 5—6, sondern von 15, 20 und mehr Proz. gestatten wollte, wie aus dem S. 153 dieser Bl. gegebenen Beispiele sich leicht abnehmen läßt.

Der nachträglichen Bitte des Hn. Pf. (S. 53): — seine Art zu kritisiren, welche sich nur auf die Sache und nie auf Personen bezöge, ihn nicht persönlich entgelten zu lassen — hätte es für mich nicht bedurft. War auch die Sache, welche Hr. Pf. hier vertrat, nicht die Wissenschaft, sondern nur sein Fachwerk, und lies er in seine Kritik manche unnöthige Persönlichkeit einfliesen, so wird er doch einräumen müssen, daß ich mich lediglich an die Sache gehalten und daß es meine Schuld nicht war, wenn diese Sache mit seiner Person mitunter in Kontakt kam.

3) Offenes Sendschreiben an Hn. Forst- und Bergrath Feistmantel zu Schemnitz, vom Herausgeber.

P. P.

Im Octoberhefte 1842 der Forstzeitung haben Sie die in meiner W. E. Regel. enthaltenen Ausstellungen an dem Regelungverfahren nach der Hundeshagen'schen Formel einer ausgedehnten Erörterung unterzogen. Indem ich Ihnen für diese mir gewidmete Aufmerksamkeit und zugleich für die eingehaltene dezente Form Ihrer Entgegnung hiermit danke, bleibt mir nur noch zu wünschen, daß Sie mit gröserer sachlicher Unpartheilichkeit oder — wenn Sie lieber wollen — Unbefangenheit dabei zu Werk gegangen sein möchten. Es würde Ihnen dann gewiß nicht entgangen sein, daß Sie den buchstäblichen Sinn meiner Einwürfe gar häufig mit einem ganz anderen verwechselt und so eine fremde Ansicht als die meinige bekämpft haben. Sie würden ferner nicht andere meiner Einwendungen haben beseitigen wollen mit der Vorgabe: Sie und andere österreichische Forstbeamten hielten hierin ein anderes Verfahren ein; und es bedurfte dann meiner Bemerkung nicht, daß meine Ausstellungen nur allein gegen die Vorschriften Hundeshagens und nicht gegen das mir völlig unbekannte Verfahren der österreichischen Forstdiener gerichtet sein konnten — wiewohl ich auch in den von Ihnen angedeuteten Aenderungen keine wesenlichen Verbesserungen zu erblicken vermag und es überhaupt für unmöglich halte, daß die vielen und groben Mißstände der Hundesh. Formel (mit alleiniger Ausnahme einer zulässigen richtigeren Vorrathsberechnung) in irgend einer anderen Weise zu beseitigen seien, als in der, — daß man die Formel selbst ganz fallen läßt. — Doch irre ich nicht sehr, so schienen Sie selbst an der Triftigkeit Ihrer Einwendungen Zweifel zu hegen, indem Sie zuletzt (S. 378) erklären, daß Sie mit meinem Regelungverfahren, welches dem Hundeshagen'schen doch durchaus entgegengesetzt ist, bis auf 3 Punkte (auf welche ich unten zurückkommen werde) einverstanden seien; so wie ich denn auch davon überzeugt bin, daß Sie Ihre Entgegnung wohl nicht veröffentlicht haben würden, wenn das mit ihr gleichzeitig erschienene vorige Heft meiner Beitr. früher in Ihre Hände gelangt wäre.

Da eine wörtliche Berichtigung aller eingeschlichenen Mißverständnisse 2c den Raum eines ganzen Hefts füllen und unseren Lesern wenig Interesse bieten würde, so wollen Sie mir erlauben, daß ich — als Beweis meiner Hochachtung für Sie — diese Verständigung nur an einem Ihrer Einwürfe und zwar, ohne alle Auswahl, an dem ersten vermittele, die Vermittelung der übrigen dagegen in einer weiteren Zergliederung und Beleuchtung der Hundeshagen'schen Formel einleite.

Wie Ihnen bekannt, erblickte Hundeshagen einen wesenlichen Vorzug seines Verfahrens, insbesondere vor dem der Fachwerker, darin, daß er sich bei der Feststellung des Holzetats nur an gegenwärtige Thatsachen — den wirklichen Vorrath — hielte und so alle unsicheren Schlüsse in die Folgezeit, wie auf den künftigen Zuwachs und Holzgehalt der Bestände, vermiede. — Die Richtigkeit dieser Behauptung an und für sich mußte ich (W. E. Reg. S. 215) mit darum beanstanden, weil der eine und Haupt-Faktor der Hundesh. Formel, das Nutzprozent, aus zweien Grösen zusammengesetzt sei, welche in der Wirklichkeit fast nie vorhanden und daher auch nicht unmittelbar zu erheben wären — nämlich aus dem normalen (von einer ununterbrochenen Schlag- und Alterfolge 2c abgeleiteten) Vorrathe und Zuwachse. — Sie vermeinen nun (F. Z. S. 366), meinen Einwurf damit entfernen zu können: beide Grösen sollten aus Wachsthumstafeln und diese wieder aus der Wirklichkeit entnommen werden. Dabei räumen Sie zwar ein, daß es noch keine brauchbaren Tafeln der Art gäbe, glauben aber, daß sich solche örtlich anfertigen liesen. — Darin kann ich Ihnen nicht beitreten. Die Tafeln, wie sie zur Vorrathsberechnung nach Hundeshagen erforderlich sind, müssen angeben den Holzgehalt pro Morgen für **alle Einzeljahre** einer noch so langen Umtriebszeit, und nicht blos für jede vorkommende Holzart, Bestandsmischung und Betriebsart, sondern auch — was noch viel mehr sagen will — für jede abweichende **Standortsgüte.** Diese letzte Untersuchung wird dadurch unendlich erschwert, weil mit den verschiedenen Bonitäten nicht blos etwa der Abtriebsertrag, sondern auch der Zuwachsgang durch die Bestandsalter hin bedeutend wechselt, z. B. der höchste Durchschnittzuwachs bald früher bald später eintrit, länger oder kürzer anhält und rascher oder langsamer wieder sinkt. Unter der grosen Menge ausgedehnter Wälder, welche ich sehr genau zu kennen glaube und welche grosentheils schon lange eine recht gute Behandlung genossen, befindet sich meines Wissens kein einziger, in welcher sich die Elemente zu einer solchen Tafel, wie sie Hundesh. verlangt, selbst nur für eine Holzart und Bonität, einigermasen genau und vollständig sammeln liesen; und ich bezweifle, ob die Ungarischen Wälder dazu bessere Gelegenheit bieten werden.

Aber auch angenommen, dergleichen Tafeln wären vollauf vorhanden, so würde nichts desto weniger mein obiger Einwurf seine volle Giltigkeit behalten — darum, weil die richtige Auswahl und praktische Anwendung solcher Tafeln für und auf die in den Wäldern meist in buntem Wechsel vorkommenden und unendlich verschiedenen Bonitäten wenigstens ebenso schwierig ist, wie die richtige Konstruktion der Tafeln selbst. — Wollten Sie aber diese Schwierigkeit nicht anerkennen; erachteten Sie es für so leicht, bei jedem z. B. zum 120jährigen Umtriebe bestimmten, jetzt mehr oder minder alten und vollkommenen, Bestande mit Hilfe von Tafeln sicher voraus bestimmen zu können, was dieser Bestand beim Normalzustande in jedem der 120 Jahre, bis zum ersten herab und bis zum 120sten hinauf, an Masse und Zuwachs besitzen werde; und wollten Sie die (doch so zunächst nur vom Papiere erhobenen) Resultate für unmittelbar aus der Wirklichkeit geschöpfte ausgeben — so würden Sie damit zugleich einräumen, daß der Fachwerker nicht etwa weiter, sondern noch lange nicht einmal so weit geht, wenn er, ebenfalls mit Hilfe von (zudem weit einfacher konstruirten) Zuwachstafeln, den wirklichen Hochgehalt eines solchen Bestands nicht etwa für jedes der 120 Jahre, sondern nur allein für das einzige künftige Abtriebsjahr vorausbestimmt; — und Sie werden so zugleich anerkennen, daß dieser von Hundesh. gegen die Fachwerksmethode gemachte Einwurf in mehr als hundertfältiger Verdoppelung auf sein eigenes Verfahren zurückfällt.

Dieses und nichts Anderes hatte ich behauptet. — Und wenn ich weiter tadeln mußte, daß die Hundesh. Formel, welche doch die Vorausbestimmung des normalen Zuwachses eines Walds für alle Einzeljahre der U.-Zeiten erheischt, den wichtigsten Faktor des Nachhaltertrags — nämlich den künftigen wirklichen Zuwachs — ganz unbeachtet läßt, und die nachtheiligen Folgen dieses Verfahrens für das gegenwärtige Interesse des Besitzers einer Waldung nachwies, welche zum einen Theile mit haubarem, zum andern Theile mit ganz jungem Holze bestanden seie (S. 214) — und Sie nun (F. Z. S. 366) vorgeben, daß Sie mein Beispiel nicht verstünden, weil ja späterhin die Formel Ersatz für diesen anfänglichen Ausfall leiste — — so klärt sich wieder dieses Mißverständnis in 2 Worten auf. Ich hatte eine Nutzungverkürzung von vornherein behauptet; Sie setzen einen späteren Ersatz entgegen, welchen ich nicht verabredet hatte. Sie werden aber den sehr wesenlichen Unterschied zwischen unseren beiden Angaben gewiß nicht verkennen, sobald Sie mit mir darin übereinstimmen, daß es für jeden Waldbesitzer, dessen gerechte Nutzungansprüche und ganz ohne alle Noth man in der Gegenwart verkürzt, ein sehr magerer Trost sei, wenn man ihm vorhalten will, daß vielleicht sein — Sohn, Enkel oder Urenkel dafür Entschädigung erhalten könne.

Wollen Sie meine weiteren Ausstellungen an dem Hundesh.

Verfahren in gleicher Weise unbefangen prüfen und mit Ihren Entgegnungen vergleichen, so werden Sie ohne mein Zuthun finden, daß Ihre sämmtlichen Einwürfe in ähnliche Mißverständnisse sich auflösen. Ich glaube daher, wie schon oben bemerkt, mehr im Interesse der Wissenschaft zu handeln, wenn ich den bisher eingehaltenen Gang der Verständigung mit einigen allgemeinen Betrachtungen über die Hundeshagensche Formel, deren Vertheidigung ja der einzige Zweck Ihrer Erwiederung war, vertausche. Und indem ich hierzu einen anderen Standpunkt wähle, als den im ersten Aufsatze des vorigen Hefts der Beiträge, so wird das Nachfolgende zugleich zur weiteren Ergänzung und Vervollständigung jenes Aufsatzes beitragen.

Die vier Hauptrücksichten, welche jedwede zweckmäsige W. Ert. Regelung leiten müssen, sind: die zeitlichen Nutzungansprüche des Waldbesitzers; die der Holz-Konsumenten; die Herstellung des W.-Normalzustands und endlich die gegenwärtigen Waldzustandsverhältnisse.

Wenn, wie Sie (F. Z. S. 366) ganz richtig bemerken, das Endziel jeder nachhaltigen Wirthschaft der Wald-Normalzustand ist, so dürfen wir dabei doch nicht übersehen, daß er es blos darum sei, weil von ihm die höchste Lukrativität eines nachhaltigen Betriebs abhängig bleibt, und daß er an und für sich nicht Zweck, sondern nur Mittel der Wirthschaft sei, deren Zweck vielmehr auf die vortheilhafte Benutzung des Walds im Interesse des betr. Waldbesitzers geht. Die Wälder bilden zugleich einen sehr beträchtlichen Theil des Privat- und National-Vermögens und Einkommens. Die grose Verschiedenheit, welche in den Vermögensverhältnissen der Waldbesitzer waltet, erzeugt sehr mannigfache Modifikationen ihrer zeitlichen Nutzunganspruche und diese dürfen — freilich innerhalb gewisser Gränzen, welche theils ihr eigenes wohlverstandenes Interesse, theils die Forstpolizei zieht — nicht unberücksichtigt bleiben, wenn die gewerbliche Stellung der Wälder nicht gänzlich verrückt werden soll.

Unter den sehr zahlreichen, bald längeren bald kürzeren, Wegen, welche alle zum Normalzustande führen, muß die Auswahl desjenigen, welcher dem individuellen Interesse des Waldbesitzers am meisten zusagt, diesem überlassen bleiben. Eine Ertr.-Regelung, welche diese Auswahl hindern und allen Waldbesitzern einen und denselben Weg vorschreiben wollte, kann nimmermehr als zweckmäsig erscheinen. Nichts ist mehr dazu geeignet, der Forstwirthschaft alle Popularität zu rauben, als wenn die Forstdiener, unbekümmert um die gegenwärtigen Bedürfnisse der Waldbesitzer, bei ihren Betriebsoperationen nur allein die schnellste Erzielung des Normalzustands ins Auge fassen; es erinnert dieß an das Seeligmachungsystem mancher religiöser Fanatiker, welche die gesammte Menschheit par force und auf den martervollsten Wegen schnurstracks in ihren erträumten Himmel hetzen wollten. —

Die Nothwendigkeit, auch die zeitlichen Ansprüche der Konsumenten bei der Etatsordnung zu beachten, folgt schon daraus, daß das Holz ein primäres Subsistenzmittel und zugleich der Nährstoff fast aller Gewerbe und des Nationalwohlstands überhaupt ist. Fällt auch, zumal in Staats- und Communalwäldern, das Interesse der Waldbesitzer mit dem der Konsumenten mitunter zusammen, so ist dieß doch häufig wieder nicht der Fall, am wenigsten bei Privatwäldern, bei welchen die Nutzunganspräche der Konsumenten nur vorzüglich den Leitfaden für die Wahl der lukrativsten Holz- und Betriebsart ꝛc abgeben und die vortheilhafteste Holzabsatzgelegenheit bedingen helfen. — Daß endlich auch die gegenwärtigen inneren Waldzustände einen sehr mächtigen Einflus auf die Gröse und die Vertheilungart der zeitlichen Waldnutzungen ausüben, bedarf wohl keiner näheren Erörterung.

Ebenso werden Sie mir den speziellen Nachweis erlassen, daß die Wege, welche jedes der vorerwähnten 4 Hauptmomente für seinen Zweck vorschreibt, selten mit einander parallel und nach dem Endziele — dem W.-Normalzustande — hinlaufen, vielmehr sich fast immer mehr oder weniger kreuzen, ja mitunter zeitweise nach ganz entgegengesetzten Richtungen hinführen. Hieraus läßt sich aber schon a priori die Gewißheit folgern, daß keine allgemeine Formel denkbar sei, durch welche sich der zeitliche Nutzunggang aller Wälder zweckmäßig regeln lasse. Daß auch die Hundeshagensche Formel keine Ausnahme von diesem Gesetze mache, hoffe ich in Nachfolgenden überzeugend nachzuweisen. Zuvor aber lassen Sie uns einen flüchtigen Blick auf die Bestandtheile dieser Formel werfen.

Letzte besteht, wie Sie wissen, aus 2 Faktoren — dem Nutzprozente und dem wirklichen Holzvorrathe; und das Nutzprozent ist wieder der Quotient eines Bruchs, dessen Nenner der normale Vorrath, und dessen Zähler der norm. Etat (oder norm. Waldzuwachs oder der Holzgehalt des ältesten norm. Schlags) ist. Untersuchen wir zuerst die Einflüsse, von welchen

1) die Gröse des Nutzprozents abhängt. Es sind hauptsächlich solche, welche die Gröse des Nenners — des N.-Vorraths — (nach der Art, wie diesen Hundesh. veranschlagt haben will!) bedingen, nämlich:

A. die Länge der norm. U.-Zeit, zu welcher die Gröse des Nutzproz. in umgekehrtem Verhältnisse steht. Je höher der Umtrieb, um so kleiner das Nutzproz.; je kürzer jener, um so gröser dieses.

B. Der norm. Zuwachsgang der Bestände durch die Einzeljahre des ganzen Umtriebs hin. Jener hängt ab

a) von der Holzart. — Für die von vornherein schnellwüchsigeren Holzarten berechnet sich, bei gleicher U.-Zeit, ein gröserer N.-Vorrath, mithin ein kleineres Nutzproz., als für die anfangs langsamer wachsenden; daher ein kleineres Nutzproz. für Lärchen, Kiefern, Erlen, Birken, Pappeln ꝛc, als für Fichten, Tannen, Buchen, Eichen ꝛc; ein wieder etwas kleineres für Lärchen und Seetannen, als für

Kiefern; ein etwas kleineres für Rüstern und Eschen, als für Buchen und Eichen ꝛc ꝛc.

b) Von der Betriebsart. — Wegen des rascheren Wuchses der Stockloden liefert, bei gleichem Umtriebe, der Niederwald ein kleineres Nutzproz., als der Hochwald.

c) Von der Standortsbeschaffenheit, nach welcher bei einerlei Holz= und Betriebsart und U.=Zeit das Nutzproz. bald kleiner, bald gröser ausfällt. Jener Fall trit z. B. ein auf einem guten, aber seichtgründigen Boden, wo die Bestände zwar von vornherein ebenso rasch in die Höhe treiben, aber früher darin nachlassen, als auf einem gleich=guten, nur tiefgründigerem Boden. — Der zweite Fall ereignet sich in rauhen Lagen, wo häufig die Entwickelung der Bestände in der ersten Lebensperiode in Verhältnis zu der in den nachfolgenden Perioden merklich langsamer vorschreitet, als in milden Lagen.

C. Dagegen bleibt, bei gleichem Wachsthumsgange, die Gröse des Nutzprozents von der relativen Gröse der Zuwachsmasse ganz unabhängig, weil dann Nenner und Zähler des Bruchs gleichmäsig steigen oder fallen und der Quotient sich nicht ändert. — Ebenso und aus gleichem Grunde hat auch

D. die Waldgröse keinen Einflus auf die Gröse des Nutzprozents. Bei Uebereinstimmung der unter A und B erwähnten Verhältnisse ergibt sich dasselbe Nutzproz. für einen Morgen Wald, wie für eine Million Morgen.

2) Der zweite Faktor der Hundesh. Formel ist der wirkliche Vorrath, d. h. der noch vorhandene Zuwachs aus der Vergangenheit. Die Formel berücksichtigt dabei nur allein den Massebetrag dieses Vorraths; keineswegs aber die Art seiner Zusammensetzung nach Holzalter, Gesundheit, Wüchsigkeit und räumlicher Stellung ꝛc der Bäume — und ebenso wenig den an diesem Vorrathe noch weiter zu erwartenden Zuwachs. Letzter bleibt bei der zeitlichen Etatsregelung völlig unbeachtet.

Gehen wir nun zur Prüfung dessen über, in wie weit die Formel den Anforderungen in den oben bemerkten vierseitigen Beziehungen entspricht.

I. Die Herstellung eines noch fehlenden Normalzustands vermittelt sie zwar, aber nicht direkt und überdieß in einer ebenso langsamen, wie regelwidrigen Weise. Meinen früheren Nachweisen zufolge geht ihre unmittelbare Wirkung nur allein auf die Ausgleichung eines noch abnormen wirklichen Vorraths bis zum Normalbetrage hin. Ist erst dieses Ziel erreicht, so stellt sich (s. § 48 meiner W. E. Regelung) die normale Schlag- und Altersfolge ganz von selbst her und ohne alles Zuthun der Formel, welche vielmehr hierbei (in Folge der von Hundesh. eingeführten unrichtigen Vorrathsberechnung) sogar hinderlich wirkt, wie ich im vorig. Hft. m. Beitr. bestimmt nachgewiesen habe. — Daß aber der Gang der Vorrathsausgleichung nach der Formel ein sehr weitschweifiger und zugleich regelloser sei, liegt in der Natur der Formel und läßt sich an jedem Beispiele erweisen. Wenn sie a priori das Gegentheil daraus folgern wollen, weil die Ausgleichung nach einer geometrischen Proportion (nicht Progression!) vorschreite, so übersehen sie nur, daß die Resultate dieser Proportion — nämlich die Ausgleichung eines Vorraths-Defekts oder Ueberschusses durch Herabsetzung oder Erhöhung der Nutzung unter oder über den laufenden Zuwachs — nicht eine steigende oder nur gleichgliederige, sondern stets eine fallende Reihe bilden und von Jahr zu Jahr abnehmen. Dieser an sich regelwidrige Ausgleichunggang wird nur zu oft noch dadurch weiter alterirt, daß die Formel den künftigen Zuwachs nicht in Rechnung zieht.

Sie haben zwar (F. Z. S. 373) den Nachweis versucht, die Formel leite unmittelbar den Normalzustand ein, weil sie von vornherein die Bildung proportionaler Schlag-Flächen bewirke. Sie beziehen sich auf einen desfallsigen früheren Nachweis von Hn. Smalian in dessen Tax.-Schrift §§ 94 und 95, woselbst ich jedoch nichts der Art aufgefunden habe. Verstehe ich anders Ihre Darstellung recht, so denken Sie sich die Sache so:

Bei vorhandenem Vorraths-Ueberschusse ist Holz von höherem als dem Normalalter vorhanden und es steht deshalb auf den ältesten Schlägen mehr Masse, als beim Normalalter darauf stehen würde. Hiebe man nun nur den normalen Etat, so würden die Schlagflächen zu klein ausfallen; dadurch aber, daß die Formel hier einen gröseren Etat bestimme, würden auch die Schläge gröser und normal. — Bei einem Defekte an Vorrath habe dagegen das älteste Holz das Normalter noch nicht erreicht; die ältesten Schläge besäsen darum weniger als die normale Masse und der Bezug des Normaletats würde somit zu grose Verjüngungflächen veranlassen, was aber die Formel wieder hindere, indem sie den Etat in diesem Falle herabsetze.

Diese Ihre Darstellung hat auf den ersten Blick hin allerdings etwas Verführerisches, was jedoch bald wieder schwindet, wenn man die Reihenfolge der in Praxi vorkommenden Fälle näher ins Auge faßt. Sie wollen erwägen, daß ein und derselbe Vorrath-Ueberschus in unzählig verschiedener Weise vorhanden sein, daß er bald über den ganzen Wald hin gleichmäßig vertheilt, bald nur in einigen oder nur in einem der jüngeren oder älteren Schlägen von normaler oder abnormer Fläche stecken kann. Nach der unendlichen Verschiedenheit der hier möglichen Fälle müssen aber auch die Verjüngungsflächen sehr abweichend ausfallen, während doch nur Eine die normale sein kann. Ja noch mehr: — die Gegenwart eines sehr beträchtlichen Vor.-Ueberschusses ist möglich, ohne daß das älteste Holz nur einmal erst das Normalalter schon erlangt hat, wie wenn z. B. ein zum 100jähr. Umtriebe bestimmter Wald durchaus mit 60-, 70- oder 80jähr. Holze bestanden ist. In diesem Falle würden die ersten 20—40 Jahresschläge schon abnorm, d. h. zu gros ausfallen, wenn man nur den Normaletat schlagen wollte; nach dem höheren Etat der Formel werden sie aber noch größer, und dieses Mißverhältnis müßte sich noch weiter ausdehnen, wenn zugleich die ersten Schläge in unvollkommene (lichte) Bestände fielen. — Ebenso verhält es sich bei einem Vorr.-Manko. Uebergehen wir alle übrigen Fälle und halten wir uns nur an den letzten — so kann ein solches Manko statt haben, wenn selbst ein Theil des Holzes das Normalalter überschritten hat. Die in solche Bestände fallenden Schläge blieben schon beim Bezug des Normaletats unter der normalen Fläche und treten noch weiter zurück beim kleineren Etat nach der Formel.

Hiernach ist es nicht der Wirkung der Formel, sondern dem blosen Zufalle beizumessen, wenn vielleicht unter 1000 Fällen einmal während der Vorrathsausgleichung zugleich der volle Normalzustand eintreten sollte. Ein solcher seltner Glücksfall liese sich dann, wenn die Ausgleichung gerade innerhalb eines Umtriebs erfolgte, wohl denken; da aber die Formel ein etwas beträchtliches Vorr.-plus oder minus in der Regel erst in viel längerer Zeit genauer ausgleicht, so möchte es schwer fallen, einen solchen Waldzustand, bei dem während der Ausgleichung auch alle Schläge gerade die normale Gröse erhielten, nur auf dem Papiere zu konstruiren.

Die der Formel von Ihnen beigemessene Eigenschaft werden Sie um so mehr in Zweifel ziehen, wenn Sie die oben S. 185 bis 186 1. A. bis D. angegebenen und von einem vorhandenen Waldzustande ganz unabhängigen Einflüsse, welche die Gröse des Nutzprozents theils bedingen, theils nicht bedingen, in Mitbetracht nehmen wollen. In wie ferne könnte es mit der Proportionalität der Schlagflächen zusammenhängen, daß ein und dasselbe Vorr.-plus oder minus bei gewählter höherer Umtriebszeit um so viel später ausgeglichen werden soll, als bei kürzerer? Und wieder, bei Gleichheit der Umtriebszeit und aller wesenlichen Bestandsverhältnisse in Bezug auf Holzalter und Flächenvertheilung — beim Niederwald später als beim Hochwalde? Bei Kiefern oder Erlen später, als bei Fichten oder Buchen? Und endlich: folgt nicht die Unmöglichkeit der Einhaltung normaler Schlagflächen daraus: daß die Formel ein gleich groses Vorr.-plus oder minus auf der kleinsten wie auf der grösten Waldfläche in gleicher Art und Zeit ausgleichen will? Denn betrügen z. B. die normalen Vorrathsmassen für 10 Morgen Wald = m, und für 100000 Morgen = M, das vorhandene plus oder minus an den wirklichen Vorräthen in beiden Fällen = $\pm$ x, so würden bei einerlei Nutzprozent = np die beiden Etats = (m $\pm$ x) np und (M $\pm$ x) np sein, mithin hier und dort gleich viel, nämlich $\pm$ x $\times$ np über oder unter dem Normaletat (= m $\times$ np und M $\times$ np) und in gleicher Zeit gehauen werden, wobei an normale Schlagflächen nicht zu denken ist, sobald die Bestandsverhältnisse in beiden Wäldern einander ähnlich sind und x nicht ganz unbedeutend ist.

II. Die zeitlichen Nutzunganspr̈üche der Waldbesitzer und Konsumenten beachtet die Formel gar nicht. Dieß erhellt schon daraus, daß sie, unbekümmert um die individuellen Wünsche und Bedürfnisse der verschiedenen Waldbesitzer, bei einerlei Vorrath und Nutzprozent, stets denselben Etat gibt. Dabei ist der Gang der Ausgleichung eines abnormen Vorraths ein an und für sich durchaus vortheilhafter. Wie ich S. 172 ff. dieser Bl. nachgewiesen, ist ein Vorr.-plus als ein todtes Kapital zu betrachten, dessen möglich rasche Wegnahme zum Zwecke anderweiter verzinslicher Anlage im Interesse der Waldbesitzer, vornweg der Privaten, liegt. Das Nutzprozent liefert hierbei nur wenig günstigere Resultate, als die österr. Kam.-Taxation und das Fachwerk. Denn wenn jenes auch von vornherein grösere Ueberhiebe gestattet, so verschleift es dagegen auch die völlige Aufzehrung der plus häufig durch mehre Umtriebe hindurch, während die beiden anderen gen. Methoden damit doch in einem Umtriebe fertig werden. „Der ehrenwerthe Forstmann," dessen Sie (F. 3.

S. 373) erwähnen und welcher sich bei Ihnen über einen zu raschen Gang der Verminderung eines Vorr.=plus nach dem Nutzproz. beklagte, konnte daher offenbar weder die gewerbliche Bedeutung eines solchen plus richtig aufgefaßt haben, noch mit jenem Gange an sich näher bekannt sein. Und wenn Sie selbst einwenden, daß die plötzliche Verwerthung eines plus oftmal an dem Abmangel vortheilhafter Absatzgelegenheit scheitern könne, so stimme ich Ihnen darin bei gröseren Ueberschüssen ganz bei und habe für diesen Fall auch gerathen, danach die Gröse des Etats und demgemäs wieder die Länge der Ausgleichungzeit einzurichten, was eine zweckmäsige Regelungmethode schlechterdings gestatten muß. Daß aber die Hundesh. Formel die Absatzgelegenheit weder mache noch berücksichtige, können Sie daraus abnehmen, daß jene bei einerlei Nutzprozent ein und dasselbe Vorr.=plus in ganz gleicher Art und Zeit aufgezehrt haben will, mag der Wald, worin es steckt, in der holzärmsten Gegend — vor den Thoren der grösten Hauptstadt oder dicht bei holzfressenden Gewerben oder an dem Ufer eines grosen bevölkerten Stroms liegen — oder mag er in den Urwäldern Amerikas, Skandinaviens oder Sibiriens vergraben sein; — so wie, daß der Gang und die Zeit der gänzlichen Aufzehrung bei einerlei Nutzprozent sich völlig gleich bleibt, mag der Ueberschus eine Million oder nur eine einzige Klafter betragen.

Ebenso schlimm, mitunter noch schlimmer, kommt der Waldbesitzer nach der Formel bei einem Vorr.=minus weg, darum: weil er von vornherein am meisten sparen, daher am wenigsten nutzen soll. Sie betrachten zwar (F.=Z. S. 374) diese Wirkung der Formel gerade als einen Vorzug, darum: weil derjenige, welcher ein kleineres Kapital habe, auch mit weniger Zinsen sich begnügen müsse. — Hiergegen könnte ich wohl einwenden, daß die Vermehrung eines Holzkapitals mit der eines Geldkapitals sich deshalb nicht wohl vergleichen lasse, weil das Anwachsen eines Geldkapitals durch Zinsen in geometrischer

Progression, das eines Holzkapitals durch Zuwachs aber mehr nach arithmetischer Reihe vorschreite, daß nämlich beim Holze der Zuwachs nicht vom sondern nur am (vorhandenen) Vorrathe erfolge; ich will jedoch diesen Einwand unterdrücken und Ihr Beispiel festhalten. — Ich erkenne als vollkommen richtig an, daß derjenige, welcher das zum vortheilhaftesten Betriebe eines Gewerbes erforderliche Kapital nicht voll besitzt und das Manko (wie es beim Normalvorrathe der Fall ist) nur unmittelbar aus seinem Einkommen ergänzen kann, um so mehr in Summa von seinem zeitlichen Einkommen ersparen und zurücklegen muß, je gröser das Defizit ist; — daß aber (wie die Hundesh. Formel befiehlt) für alle Gewerbtreibenden die jährlichen Ersparnis-Quoten nach einerlei Maasstab bestimmt und für Alle die Ersparnis-Zeit dieselbe sein soll, und daß dabei gerade in der Zeit, **wann** das Einkommen am kleinsten ist, die Ersparnisse am grösten ausfallen und letzte in dem Maase, in welchem das Einkommen wächst, wieder abnehmen sollen — — das Alles kann ich nimmermehr als richtig anerkennen und jede gesunde Wirthschafttheorie und jede Gewerbspraxis muß mir darin beistimmen! — Dazu kommt noch, daß das Nutzprozent — weil es von der Waldgröse ganz unabhängig ist — auf die relative Gröse des jährl. Einkommens gar keine Rücksicht nimmt, somit den Bettler wie den Crösus zwingen will, ein gleich groses Defizit in gleicher Zeit und Reihenfolge zu decken. Der, bei welchem sein Einkommen von Hand zu Mund geht, soll ein gleiches Manko in gleicher Zeit und Weise ergänzen, wie der, welcher sein Einkommen nach Millionen berechnet; und Letzter soll wieder einen fehlenden Gulden, Kreuzer oder Heller nicht auf einmal ersetzen dürfen, sondern nur in einer unübersehbaren Reihe von Jahren und obendrein in von Jahr zu Jahr abnehmenden Quoten — also lautet die strenge Vorschrift des Nutzprozents! —

Ich vermag weiter keinen näheren Zusammenhang zu erblicken weder mit dem Interesse der Waldbesitzer, noch mit dem der Konsumenten, noch auch mit der Absatzgelegenheit, wenn die Hundesh. Formel diktirt: ein gleiches Vorr.-plus oder minus müsse vielmal früher ausgeglichen werden bei kurzer Umtriebszeit, als bei langer; und, bei gleichem Umtriebe, wieder früher bei Eichen und Buchen, als bei Birken und Lärchen, früher bei Hoch- als bei Niederwald; und bei Uebereinstimmung aller anderen Verhältnisse wieder nach Verschiedenheit der Standorts- (nicht Bestands-) Güte bald früher, bald später.

III. Um die gegenwärtigen Bestandsverhältnisse und um die durch sie bedingten wirthschaftlichen Maasregeln, welche mitunter mit den unter I und II gedachten Rücksichten kollidiren, bekümmert sich die Formel ebensowenig. Sie hält sich bekanntlich bei der Etatsregelung nur allein an den gerade vorhandenen Vorraths-Betrag, und läßt dabei ganz auser Acht, ob dieser Vorrath vorzugweise in jungem, oder in haubarem oder in überhaubarem Holze bestehe; ob die Einzelbestände gleich- oder ungleichalterig, ob sie geschlossen oder licht und lückig, ob sie gesund und wüchsig oder ob sie rückgängig, krank oder gar kernfaul und abständig seien rc. Für alle diese Fälle zusammen bestimmt sie einerlei Etat und Verjüngunggang. Die so überaus wichtige Kenntnis des Abstands zwischen dem wirklichen und normalen Zuwachs ist ihr ganz fremd und sie weis sie daher auch nicht für den Zweck einer rationellen Betriebsführung auszubeuten. Einen Theil des wirklichen Zuwachses, den aus der Vergangenheit, erfährt sie zwar, aber nur zufällig und post festum bei den periodischen Vorrathsrevisionen. Indem sie aber nur diesen, und nicht den viel einflusreicheren nachfolgenden wirklichen Zuwachs bei der zeitlichen Nutzungregelung in Rechnung zieht, spannt sie offenbar die Pferde hinter den Wagen. Wie Sie in diesem verkehrten Verfahren „einen praktischen Vortheil" erblicken können (F. Z. S. 373), vermag ich schlechterdings nicht abzusehen. Wählen wir aus 1000 Fällen einen. Denken wir uns eine Privatwaldung von mäßigem Umfang, worin der normale Vorrathsbetrag zwar gerade vorhanden ist, aber in uralten, kernfaulen, halbzopfdürren und ganz licht stehenden Eichen stockt, denen man auf den ersten Blick ansieht, daß sie alljährlich mehr an Zuwachs und Holzgüte verlieren, als sie neu anlegen, und daß nebenbei der Boden ausmagert und verwildert. Könnte wohl irgend ein Forstwirth darüber zweifelhaft sein, daß dieser Bestand alsbald abgetrieben und versilbert und die Fläche durch neue Kultur in vollen Zuwachs gebracht und so zugleich gegen fortschreitende Ausmagerung und Verwilderung geschützt werden müsse? Gewiß nicht! Wie aber verfährt die Hundesh. Formel in diesem Falle? Sie diktirt für die ersten 10—15 Jahre ganz denselben Etat, wie wenn die Fläche völlig normal mit regelmäßigen Holzalterstufen bewachsen wäre und alle diese Bestände den normalen Zuwachs besäßen, und bestimmt mithin vorerst nur einen kleinen Theil der Fläche zum Abtriebe und zur Verjüngung! — Aber vielleicht holt der Rationalist — wenn er nach Ablauf jener Zeit gewahrt, daß der verbliebene alte Bestandsrest in einen noch schlimmeren Zustand gerathen, die Kernfäule 2c noch viel weiter vorgeschritten ist, — nun das früher Versäumte um so rascher nach und treibt jenen Rest auf einmal ab? — Mit nichten! Er darf nicht; das wäre ein grober Verstos gegen seine rationelle Formel, welche hier gerade einen umgekehrten Nutzunggang vorschreibt. Denn nun findet er bei der Vorrathsrevision — was er freilich schon von vornherein wußte — einen kleineren Vorrath, wie Anfangs, vor und die Formel befiehlt, anstatt einer weiteren Ausdehnung der Schlägfläche für die nächsten 10—15 Jahre, vielmehr eine weitere Beschränkung derselben. Und diesen Krebsgang würde er, wer weiß wie lange, noch fortschleichen, wenn nicht früher der mitleidige Himmel zu Gunsten des Waldbesitzers ins

Mittel trit und einen wohlthätigen Sturm sendet, welcher die endlich faßhohlen Veteranen übern Haufen wirft und so dem irrationellen Trödel plötzlich ein Ziel setzt. —

Wenn Sie, mein hochgeehrter Herr, meine bisherigen Erörterungen einer unbefangenen Prüfung unterwerfen wollen, so bin ich dessen gewiß, daß Sie die in meiner W. E. Regelung gegen das Hundesh. Regelungverfahren niedergelegten Einwürfe nicht weiter beanstanden, sondern als durchaus gegründet anerkennen werden.

Zum Schlusse noch ein Paar Worte über die 3 Punkte, welche Sie (F. Z. S. 378) an meinem Regelungverfahren auszustellen finden. Sie erklären sich nicht einverstanden: 1) mit meiner Berechnungart der Vorräthe; 2) mit der Berücksichtigung des künftigen wirklichen Holzzuwachses und 3) mit der von mir gestatteten Freiheit in der Vorraths-Ausgleichung.

In Betreff des ersten Punkts wollen Sie mir, zur Vermeidung von Wiederholungen, erlauben, auf meine desfallsige Ausführung im vor. Hefte m. Beitr. Bezug nehmen zu dürfen. Ich glaube dort zur Evidenz nachgewiesen zu haben, daß die von der österr. Kam.-Taxation zuerst gelehrte und von mir nur genauer begründete und beibehaltene Berechnungweise der beiden Vorräthe nicht blos die bei weitem einfachste und bequemste sondern auch für den Zweck der W. E. Regelung die allein richtige seie; und daß die von Hundeshagen vorgeschlagene Methode in Praxi unausführbar sich erweise und den geregelten Gang der Ausgleichung aufhebe.

Die Berichtigung des zweiten Punkts liegt wohl vollständig in den obigen Beleuchtungen.

Wenn Sie endlich behaupten: daß bei meinem Verfahren der Maasstab zur Vorr.-Ausgleichung fehle und der Willkühr anheimgestellt bleibe — so kann es Ihnen damit wohl am wenigsten Ernst gewesen sein. Oder sollten Sie wirklich glauben, daß die obenbenannten 4 Hauptmomente jeder guten Waldwirthschaft — die zeitlichen Nutzunganspruche der Waldbesitzer und Konsumenten, die Herstellung des Waldnormalzustands mit gleichzeitiger Rücksicht auf die gegenwärtigen Bestandsverhältnisse — nicht auch die Hauptrichtschnur für eine zweckmäsige W. Ertr. Regelung abgeben müssen, und daß ich damit, wenn ich die sorgfältige Beachtung jener Momente bei der Etatsbestimmung ausdrücklich gefordert habe — nur einer blosen Willkühr freien Spielraum gäbe? Könnten Sie wirklich der Ansicht sein, daß die Hundeshagensche Formel, welche jene Rücksichten theils gar nicht, theils nur unvollständig wahrt und das Interesse aller Waldbesitzer, Konsumenten ꝛc über einen und denselben, überdieß an sich unpassenden, Leisten schlagen will — den richtigen Maasstab hierzu liefere? Müßten Sie konsequenter Weise es nicht ebenfalls als eine tadelswerthe „Willkühr" bezeichnen, daß man den Forstwirthen überläßt, die Auswahl anderer und noch wichtigerer Wirthschaftmomente, wie der Holz- und Betriebs- und Waldbehandlungarten, der Umtriebszeiten ꝛc, mit Rücksicht auf das Interesse der Waldbesitzer, auf die Lokalverhältnisse ꝛc, selbstständig zu treffen? Oder glauben Sie, daß es dafür auch einen universellen Formelmaasstab gäbe? — Nein, ganz gewiß, das kann Ihr Ernst nicht sein!

Genehmigen Sie übrigens die aufrichtige Versicherung meiner Hochachtung ꝛc.

Giesen, 1843. Hr.

IV.

Nachschrift.

Während des Drucks dsr. Bl. erhielt d. Herausg. durch Freundeshand ein Exemplar der von Gr. Badischer Forstpolicei-Direktion im Drucke erlassenen „Instruktion zur periodischen Revision der Abschätzung und Einrichtung der Gemeinds- und Körperwaldungen" im Grosherz. Baden — welche zugleich den Uebergang von dem in diesen Waldungen bisher bestandenen Fachwerke zu dem grundsätzlichen Regelungverfahren bezweckt und hierzu einen sehr passenden Zeitpunkt wählt, nämlich das Ende eines 10jährigen Revisionabschnitts. Freudig begrüsen wir in dieser Maasregel einer erleuchteten Staatsforstbehörde die vielversprechende Morgenröthe einer rationelleren Bewirthschaftung unserer deutschen Wälder!! — Die Art und Weise, wie die vorliegende Instruktion ihre Aufgabe löst, zeugt ebenso klar für die Sachkenntnis und Geschäftsgewandtheit ihres Verfassers (als welcher Hr. Forstrath A. v. Kleiser zu Carlsruhe uns bezeichnet wurde), wie für den geringen Aufwand an praktischen Mitteln, welche die Verwirklichung jenes Uebergangs anspricht. — Die in der Instr. für die Etatsbestimmung ertheilten Grundlagen kommen im wesenlichen mit denen überein, welche d. Herausg. in seiner W. E. Regelung gegeben hat. Das Material zur Ableitung des jährlichen Haubarkeit-Etats — (die Zwischennutzungen werden ganz zweckmäsig besonders behandelt und zuletzt jenem Etat nur beigeschlagen) — besteht in der Differenz zwischen den wirklichen und normalen Vorrathsbeträgen plus dem summar. wirklichen Zuwachse während der angenommenen Vorraths-Ausgleichungzeit, wobei eine Gleichstellung des jährlichen Etats zwar als Regel angenommen, jedoch Abweichungen von dieser Norm nach Maasgabe der individuellen Lage der Waldbesitzer, der Waldzustands- und sonstigen Verhältnisse gestattet bleiben. Gleich humane Rücksichten auf die zeitlichen Nutzungbedürfnisse der Waldbesitzer — unbeschadet der auf strengen Nachhaltbetrieb — werden den Revisiontaxatoren bei der Feststellung jenes Ausgleichungzeitraums, der normalen Umtriebszeiten, der Holz- und Betriebsarten besonders anempfohlen und verdienen allgemeine Beherzigung, da sie allein das rechte Mittel sind, der Forstadministration das Vertrauen und die Liebe der Waldbesitzer zu erwerben, welche leider nur zu häufig einer einseitigen und engherzigen Technik geopfert werden. — Die Berechnung der Normalvorräthe bestimmt die Instr. nach Anleitung der österr. Kameraltaxation; die der wirklichen Vorräthe nach den Produkten aus den Bestandsaltern in ihrem durchschn.-jährl. Abtriebsertrag; der wirkliche Zuwachs ist ebenfalls der durchschn.-jährl. Abtriebsertrag. — Wir müssen uns für jetzt auf diese hauptsächlichen Andeutungen beschränken; und wenn wir uns noch erlauben, einige Wünsche beizufügen, so wolle in ihnen der hochachtbare Hr. Verf. d. Instr. nur einen Beweis unseres lebhaften Interesses an seiner schönen Arbeit erblicken und unserer wohlmeinenden Absicht eine freundliche Anerkennung selbst dann nicht versagen, wenn er sich mit uns auch nicht konformiren sollte. Diese Wünsche betreffen etwas ausführlichere Bestimmungen für die Einrichtung von *Betriebsklassen*, für die Rücksicht auf eine *Reserve* bei Feststellung der norm. Umtriebszeiten, für die Mitbeachtung der bestehenden Verhältnisse zwischen wirklichem und *normalem* Zuwachse bei der Etatsregelung, für die fortlaufende *Kontrole* des *wirklichen* Zuwachses, so wie für die Art seiner *Berechnung*, wenn derselbe während der Vorraths-Ausgleichungzeit sich nicht *gleich bleiben* sollte, wie oftmal der Fall. — Doch bestehen vielleicht hierfür schon andere, uns nur unbekannte, Vorschriften auser der Instruktion und lassen dann unsere Desiderien als überflüssige erscheinen.

Dagegen finden wir in der Instr. eine Bestimmung, welche wir lieber ganz vermißt hätten — nämlich die : daß die für die erste Einrichtungzeit beim grundsätzlichen Verfahren erzielten periodischen Flächenresultate mit denen, welche das reine Flächenfachwerk liefert, noch nachträglich verglichen und geeigneten Falls moderirt werden sollten (Instr. §§ 33 und 34). Läge in dieser Vorschrift blos eine an sich unschuldige Concession für das Fachwerk, so möchte sie unberührt bleiben; allein sie kann mitunter sachlich recht gefährlich werden, nämlich die günstigen Etats-Ergebnisse des grundsätzlichen Verfahrens für die erste Einrichtungzeit beträchtlich alteriren resp. deterioriren. Wir wollen hier ganz übergehen, daß die Forderung der Fachwerker, derzufolge die Ueberführung eines abnormen Waldzustands in den normalen durchaus gerade von der doch rein zufälligen und überdieß höchst verschiedenen Länge der norm. Umtriebszeiten abhängig gemacht werden solle, nichts weniger als rationelle, sondern als rein willkührliche erscheine; — wir wollen uns nur mit der Bemerkung begnügen, daß die Ansicht der Fachwerker : — die Gleichstellung der periodischen Schlag-Flächen in der **ersten** Einrichtungzeit seie auch der einzige Weg und daher eine unerläßliche Bedingung für die Erzielung eines normalen Waldzustands in der nachfolgenden zweiten Einrichtungzeit — sich theoretisch als einseitige und praktisch als nachtheilige erweise und deshalb aufs Kräftigste bekämpft zu werden verdient. Es gibt eine Menge Fälle, in denen ungeachtet einer sich ergebenden bedeutenden Ungleichheit der Periodenflächen im ersten Umtriebe, dennoch der Waldnormalzustand für den zweiten Umtrieb so gut als hergestellt erscheint. Einen solchen Fall liefert das Beispiel S. 153 dsr. Blätter in Spalten A. Wir finden hier in der ersten Einrichtungzeit die Periodenflächen sehr abweichend, z. B. die der II Periode um die Hälfte gröser, als die der I und IV Periode — und nichts desto weniger ergeben sich für den zweiten Umtrieb normale Periodenflächen und alles Holz kommt zugleich innerhalb dieses zweiten Umtriebs im normalen Betrage und sehr nahe auch im normalen Alter zur Fällung, während schon im ersten Umtriebe der unausgesetzte volle Bezug des Normaletats möglich war, — wogegen dieses letzte vorzügliche Resultat durch Zuziehung des Flächenfachwerks gänzlich vereitelt worden wäre. — Da es hier ja nur darum zu thun ist, sich darüber zu vergewissern: — ob von der zweiten Einrichtungzeit an und durch diese hin die normalen Periodenflächen sich bilden, und ob zugleich die normalen Etats bezogen werden können in Holzaltern, welche der normalen Betriebsklassen-Umtriebszeit, wenn auch gerade nicht durchaus haarscharf gleichkommen, doch durchaus wenigstens so nahe stehen, wie es eine vernünftige Praxis nur immerhin verlangen kann — so möchte es viel räthlicher sein, die Etats-Berechnung nach dem grundsätzlichen Verfahren noch auf die nachfolgende zweite Einrichtungzeit auszudehnen und erst an diese Resultate jenen Maasstab anzulegen. Der weitere Aufwand an Mühe und Zeit, welche eine derartige Fortrechnung beim grundsätzlichen Verfahren (aber keineswegs beim Massenfachwerke!) anspricht, ist schon an sich der Erwähnung nicht werth, verschwindet aber vollends bei Beachtung der dadurch erzielten sehr gewichtigen sachlichen Vortheile. Doch wird man diese Fortrechnung nicht einmal für nöthig erachten können, wenn man sich nur an die vortrefflichen Resultate halten will, welche in dem obigen denkbar ungünstigsten Beispiele für den 2ten Umtrieb sich ergaben.

Hr.

Druck der Lichtenberger'schen Buchdruckerei (W. Keller) in Gießen.

FSC
www.fsc.org
MIX
Papier | Fördert
gute Waldnutzung
FSC® C083411

Zeitfracht Medien GmbH
Ferdinand-Jühlke-Straße 7
99095 Erfurt, Deutschland
produktsicherheit@kolibri360.de